身につく
統計学

伊藤 正義 監修

伊藤 公紀・伊藤 裕康 共著

森北出版株式会社

●本書のサポート情報を当社Webサイトに掲載する場合があります.
下記のURLにアクセスし，サポートの案内をご覧ください.

https://www.morikita.co.jp/support/

●本書の内容に関するご質問は，森北出版 出版部「(書名を明記)」係宛
に書面にて，もしくは下記のe-mailアドレスまでお願いします．なお，
電話でのご質問には応じかねますので，あらかじめご了承ください.

editor@morikita.co.jp

●本書により得られた情報の使用から生じるいかなる損害についても，
当社および本書の著者は責任を負わないものとします.

■本書に記載している製品名，商標および登録商標は，各権利者に帰属
します.

■本書を無断で複写複製（電子化を含む）することは，著作権法上での
例外を除き，禁じられています．複写される場合は，そのつど事前に
(一社)出版者著作権管理機構（電話03-5244-5088, FAX03-5244-5089,
e-mail：info@jcopy.or.jp）の許諾を得てください．また本書を代行業者
等の第三者に依頼してスキャンやデジタル化することは，たとえ個人や
家庭内での利用であっても一切認められておりません.

まえがき

　統計学は大変魅力的な学問です.

　まわりを見渡すと, 私たちは実に多くの情報やデータに囲まれています. 興味ある事象を, 1つ思い浮かべてみてください. たとえば, ある食品の偏食が健康状態に与える影響に興味があるでしょうか. ある地域の平均気温の 10 年ごとの変動が気になるでしょうか. 工場で製造している製品の不良品の発生件数に関心があるでしょうか. それとも, 海水中に含まれる金の含有率を調べたいと思っているでしょうか.

　こうした事象を記述したデータは, 一部の例外を除けば観測する際に誤差が含まれています. 統計学は, このような誤差のあるデータの中から, 事象の真の姿に迫るための強力なツールなのです.

　また, 私たちは観測したい事象のすべてを網羅的に観測できない場合もあります. 原理的に観測が不可能な場合もありますし, 原理的にはできても費用や時間の関係からできないことも多々あります. 統計学はこのような状況下でも活躍します. そのため, 自然科学, 社会科学, 医学, 教育学などの学問分野だけでなく, ビジネスの世界でも大いに活用されています.

　このように, 活躍の場が広い統計学ですが, 残念ながら初学者にとっては敷居は低くはないようです.

　しかし, そこで統計学の学びを諦めてしまうのは, あまりにももったいないことです. 統計学の「眼」で世の中を観測できるようになれば, これまで知ることのできなかった興味深い事実に触れることができるのです.

　そうした想いを込めて, 私たちは 2002 年に「わかりやすい数理統計の基礎」(森北出版) を著しました. 以来, 多くの学生諸君や一般の読者から質問や要望をいただきました. そうした箇所は, 一定の傾向が見受けられました. たとえば, 「データの整理・要約や推定・検定の考え方はおおよそ理解できたが, しっかりとその手順を会得できない」という悩みを抱えている, などです.

　本書は, 初学者がこのような悩みを抱えないよう, よりわかりやすく, より詳しい

統計学の入門書として執筆したものです．本書が，世の中を統計学の眼で見直す技能獲得の一助となることを願ってやみません．

　最後に，本書の出版を快くお引き受けくださり，校正にも親切に手をお貸しいただくなど，始終いろいろとお世話くださった森北出版の丸山隆一氏をはじめとして，編集責任者の富井晃氏，大野裕司氏，太田陽喬氏の皆様に深く感謝申し上げます．

2018 年 8 月

伊藤　公紀・伊藤　裕康

ギリシャ文字のいくつかを本書で用いています．
以下にその読み方をまとめておきました．

大文字	小文字	読み方	大文字	小文字	読み方
A	α	アルファ	N	ν	ニュー
B	β	ベータ	Ξ	ξ	グザイ
Γ	γ	ガンマ	O	o	オミクロン
Δ	δ	デルタ	Π	π	パイ
E	ε	イプシロン	P	ρ	ロー
Z	ζ	ゼータ	Σ	σ	シグマ
H	η	イータ	T	τ	タウ
Θ	θ	シータ	Υ	υ	ウプシロン
I	ι	イオタ	Φ	φ	ファイ
K	κ	カッパ	X	χ	カイ
Λ	λ	ラムダ	Ψ	ψ	プサイ
M	μ	ミュー	Ω	ω	オメガ

目　　次

| 第 1 章 | データの整理 | **1** |

1.1	度数分布表	1
1.2	累積度数と累積相対度数	6
1.3	度数分布の特性値	7
1.4	相関係数	24
演習問題		33

| 第 2 章 | 確率と確率分布 | **36** |

2.1	事象と確率	36
2.2	確率変数	44
演習問題		62

| 第 3 章 | 標本分布 | **64** |

3.1	母集団と標本	64
3.2	標本平均 $\overline{X}$ の分布	65
3.3	標本比率の分布	67
3.4	χ^2 分布（カイ 2 乗分布）	69
3.5	t 分布	71
3.6	F 分布	74
3.7	相関係数の標本分布	77
演習問題		79

iv 目　次

第4章　推　定　80

4.1 推定の考え方 …………………………………………… 80
4.2 点 推 定 ………………………………………………… 81
4.3 区間推定 …………………………………………………… 83
演習問題 ……………………………………………………… 99

第5章　検　定　100

5.1 検定の考え方 …………………………………………… 100
5.2 母平均に関する検定 …………………………………… 104
5.3 分散比の検定 …………………………………………… 116
5.4 母分散の検定 …………………………………………… 120
5.5 相関係数の検定 ………………………………………… 123
5.6 母比率の検定 …………………………………………… 127
5.7 適合度の検定 …………………………………………… 134
5.8 独立性の検定 …………………………………………… 139
演習問題 …………………………………………………… 143

演習問題解答 ………………………………………………… 147
付　表 ………………………………………………………… 173
参考書 ………………………………………………………… 180
索　引 ………………………………………………………… 181

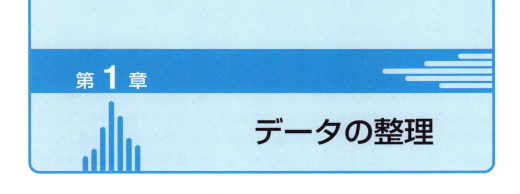

第1章 データの整理

1.1 度数分布表

統計学とは，集団から何らかの方法によって測定して得られたデータをもとに，そのデータのもつ特徴をとらえ，その特徴を通じて元の集団のもついろいろな特性（特別な性質）について調べようとするものである．

ある集団を調査した結果，ある特性に関する1つのデータが得られたとしよう．このデータは集団におけるその特性を数値で表したもので，変量という．変量には，人数，物の個数，事故件数，欠点数などの離散的な計数として数えられる離散変量と，長さ，重さ，体積，温度などの連続的な値をとる連続変量とがある．

離散変量の例として，表 1.1 に，ある野菜の種を1列に10粒ずつ蒔いたもの60列について，一定日の後に，各列に発芽した数を調べたものを示す．また，連続変量の例として，表 1.2 に，ある病院で生まれた68人の新生児の体重を測定したものを示す．

表 1.1　1列の発芽数

発芽数 x	観測数 f
1	0
2	1
3	1
4	2
5	8
6	15
7	18
8	10
9	4
10	1
計	60

表 1.2　新生児の体重

体重 x [kg]	人数 f
(以上)〜(未満)	
2.3〜2.5	3
2.5〜2.7	3
2.7〜2.9	6
2.9〜3.1	10
3.1〜3.3	15
3.3〜3.5	14
3.5〜3.7	8
3.7〜3.9	5
3.9〜4.1	4
計	68

表 1.3　一般の場合

階級値 x	度数 f
x_1	f_1
x_2	f_2
⋮	⋮
x_n	f_n
計	N

2 第1章 データの整理

　測定によって得られたデータを並べただけでは，集団の特性を簡単に把握すること
は難しいが，それを表 1.1，表 1.2 に示すように，変量の値をいくつかの区間に分け
て，各区間に属するデータの個数を 1 つの表にすると，全体の特徴がつかみやすくな
る．各区間のデータの個数を，その区間の度数といい，この表を度数分布表または度
数表という．度数分布表では区間を階級または級といい，階級の幅を級の幅または級
間隔という．また，統計学では，各階級に属するデータはすべてその階級の中央の値
に等しいものとして取り扱う．この階級の中央の値を階級値という．

　表 1.1 では，x は離散変量として扱われ，その各値はそれぞれ 1 つの階級としている．
表 1.2 では，x は連続変量で，階級は「2.3 以上 2.5 未満」，「2.5 以上 2.7 未満」，… の
ように，各階級はすべて同じ幅にとっている．

　一般に，度数分布表は表 1.3 のような形式である．$x_1, x_2, \ldots, x_n$ は階級値を，$f_1,$
$f_2, \ldots, f_n$ はそれぞれの階級の度数を，N は度数の合計を表す．

　以下に，度数分布表の作り方の手順を示す．

✅ 度数分布表の作成手順

1 データの最小値と最大値を求める．
2 最大値から最小値を引いて範囲 R を求める．
3 階級の数 k を定める．
4 階級の幅 h を求める．
5 階級の境界値を求める．
6 階級の階級値を求める．
7 階級に入る度数を数え，度数分布表を作成する．

例題 1.1 次のデータは，ある大学の男子学生 45 人の 50 m 疾走時間［秒］である．
このデータの度数分布表を作成せよ．

7.3	7.8	7.4	7.7	7.4	7.3	8.0	7.7	7.9	8.1	8.0	7.8	7.7	7.8	8.4
7.5	7.6	7.5	7.8	8.4	6.9	7.6	8.7	7.6	7.8	8.2	8.1	8.0	8.1	8.2
8.0	7.4	8.8	7.9	7.8	8.2	7.3	7.4	7.1	8.2	7.9	8.5	7.7	7.5	8.3

［解］　度数分布表の作成手順に従って作成する．
1 階級を定めるために，データの最小値と最大値を求める．データ 45 個の中の最小値は
6.9，最大値は 8.8 である．

最小値 $= 6.9$, 　　最大値 $= 8.8$

2 データの最大値から最小値を引いて範囲 R を求める.

範囲 $R =$ 最大値 $-$ 最小値
$$= 8.8 - 6.9 = 1.9$$

3 階級の数 k を決める. データを要約して集団全体の分布状態とか特徴を明らかにするためには, 階級の数をあまり多くとっても分布に凹凸の不規則な変化が現れ, わかりにくい. また, 少なすぎても全体の様子がつかみにくくなる. 階級の数をいくつにとるのがよいか, その定まった基準はないが, 1つの目安として, 5〜20くらいの数にとるのが適当とされている. そこで, 階級の数を決めるときのおおよその目安として用いられている, いくつかの方法を示しておこう.

1.「データの総数と階級の数の関係（表 1.4）」を用いる

表 1.4 データの総数と階級の数の関係

データの総数 N	50 未満	50 〜 100	100 〜 250	250 以上
階級の数 k	5 〜 7	6 〜 10	7 〜 12	10 〜 20

2.「スタージェスの方法」の式を用いる

これは, データの総数を N, 階級の数を k とするとき,

$$k = 1 + \frac{\log N}{\log 2}$$

のようにして定める方法である. ここで, k の値は整数に丸める. なお, 対数は常用対数である.

　この式からデータの総数 N のときの階級の数 k を求めると, 表 1.5 のようになる.

表 1.5 スタージェスの方法の例

データの総数 N	32	64	128	256	512	1024	2048
階級の数 k	6	7	8	9	10	11	12

3. 平方根を用いる

データの総数があまり大きくない場合, データの総数を N, 階級の数を k とするとき,

$$k = \sqrt{N}$$

として求める方法である. ここで, k の値は整数に丸める.

たとえば, 方法 3. の平方根を用いる方法で求めると,

$$k = \sqrt{45} = 6.71$$

4 第 1 章 データの整理

なので，整数に丸めて $k = 7$ とする．

4 階級の幅 h を求める．

$$h = \frac{範囲\ R}{階級の数\ k} = \frac{最大値 - 最小値}{階級の数\ k}$$

ここで，h の値は，測定単位の整数倍になるように丸める．

　測定単位とは，データをとるときの最小の刻みのことである．たとえば，測定値が 12.3 では小数点以下 1 桁まで求めているので，この測定単位は 0.1 である．また，測定値が 0.45 では小数点以下 2 桁なので，測定単位は 0.01 である．

　最大値 = 8.8，最小値 = 6.9 で $k = 7$ なので，次のようにする．

$$h = \frac{8.8 - 6.9}{7} = 0.27$$

測定単位が 0.1 なので，その整数倍の 0.3 を h とする．しかし，場合によっては区切りのよい数値をとることもある．

5 階級の境界値を求める．まず，最小値を含む最初の階級の下側の境界値 c_0 は，最小値から**測定単位の** $\dfrac{1}{2}$ だけ小さいものとする．すなわち，

$$c_0 = 最小値 - \frac{測定単位}{2}$$

となる．したがって，この階級の上側の境界値 c_1 は，階級の幅 h を加えて，

$$c_1 = c_0 + h$$

となる．以下，順次 h の値を加えて各階級の境界値 $c_2, c_3, \ldots, c_k$ を求める．

$$c_2 = c_1 + h$$
$$c_3 = c_2 + h$$
$$\vdots$$
$$c_k = c_{k-1} + h$$

　最小値 = 6.9，測定単位 = 0.1 なので，最初の階級の下側の境界値 c_0 の値は

$$c_0 = 6.9 - \frac{0.1}{2} = 6.9 - 0.05 = 6.85$$

となる．したがって，$c_2, c_3, \ldots$ の値は，順次 $h = 0.3$ を加えて，次のようになる．

$$c_1 = 6.85 + 0.3 = 7.15$$
$$c_2 = 7.15 + 0.3 = 7.45$$
$$\vdots$$
$$c_7 = 8.65 + 0.3 = 8.95$$

1.1 度数分布表　5

6 階級の階級値 x_i を求める．各階級の両側の境界値の中央の値を求める．

$$1\text{番目の階級の階級値}\quad x_1 = \frac{c_0 + c_1}{2}$$

$$2\text{番目の階級の階級値}\quad x_2 = \frac{c_1 + c_2}{2}$$

$$\vdots$$

$$i\text{番目の階級の階級値}\quad x_i = \frac{c_{i-1} + c_i}{2}$$

各階級の階級値は，次のようになる．

$$x_1 = \frac{6.85 + 7.15}{2} = 7.00$$

$$x_2 = \frac{7.15 + 7.45}{2} = 7.30$$

$$\vdots$$

$$x_7 = \frac{8.65 + 8.95}{2} = 8.80$$

7 階級に入る度数を数え，度数分布表を作成する．結果は表 1.6 のようになる．

表 1.6　度数分布表

階級	階級値 x_i	度数
(以上)　(未満)		
6.85 ～ 7.15	7.00	2
7.15 ～ 7.45	7.30	7
7.45 ～ 7.75	7.60	10
7.75 ～ 8.05	7.90	13
8.05 ～ 8.35	8.20	8
8.35 ～ 8.65	8.50	3
8.65 ～ 8.95	8.80	2
計	—	45

　度数分布表に整理されたデータを直観的にわかりやすく表現し，分布の特徴を知るための方法として，図 1.1 に示すように，横軸に各階級の境界値，縦軸に各階級の度数をとり，柱状のグラフで表したヒストグラム（柱状図）が用いられる．

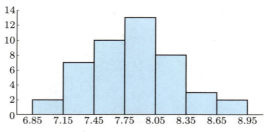

図 1.1　ヒストグラム（データは例題 1.1 のもの）

1.2　累積度数と累積相対度数

　度数分布表は，データ全体のばらつきの大きさや形などを把握するために，変量の値をいくつかの階級に分け，それを 1 つの表にまとめたものである．さらに，集団のある変量が全体において占める位置（後述する中央値，四分位数など）を知るためには，累積度数分布表を作成するとよい．

　累積度数は，表 1.7 のように，変量の小さい値の階級のほうからその度数を順次加えていったものである．

　また，各階級に該当する度数を全度数で割った値を，その階級の相対度数といい，異なる階級のデータの比較に用いる．この相対度数の各階級での和を累積相対度数という．

表 1.7　累積度数分布表と累積相対度数分布表

階級	度数 f_i	累積度数 $F_i = \sum_{j=1}^{i} f_j$	相対度数 $\dfrac{f_i}{N}$	累積相対度数
（以上）　（未満）				
$c_0 \sim c_1$	f_1	$F_1 = f_1$	$\dfrac{f_1}{N}$	$\dfrac{F_1}{N}$
$c_1 \sim c_2$	f_2	$F_2 = f_1 + f_2$	$\dfrac{f_2}{N}$	$\dfrac{F_2}{N}$
$\vdots$	$\vdots$	$\vdots$	$\vdots$	$\vdots$
$c_{n-1} \sim c_n$	f_n	$F_n = f_1 + f_2 + \cdots + f_n$	$\dfrac{f_n}{N}$	1
計	N	—	1	—

1.3　度数分布の特性値

データを度数分布表やヒストグラムに表すことで，集団全体の分布のおおよその様子を知ることができた．さらに，その分布の特性を数量的に示す尺度として次のものがある．

1. **代表値**：分布の中心的な位置を示すもの
   （平均値，中央値，四分位数，最頻値など）
2. **散布度**：分布の左右への広がりの程度を示すもの
   （平均偏差，分散，標準偏差，変動係数など）
3. **歪度**：分布の左右の対称さの程度を示すもの
4. **尖度**：分布が尖っているか平たいかの程度を示すもの

1.3.1　代表値

2つの学級の成績を比較しようとする場合，各学級の成績の平均点を計算し，これをそれぞれ学級の成績の代表する値とみなして比較することが多い．このように，ある1つの集団の中心的な位置を示す値を代表値という．代表値には，平均値（算術平均），中央値（メジアン），四分位数，最頻値（モード）などがある．

(1) 平均値（算術平均）

平均値は，代表値の中でもっとも重要なものである．

N 個のデータ $x_1, x_2, \ldots, x_n$ がそのまま与えられているときは，これらを全部加えてその個数 N で割ったものを平均値または算術平均といい，$\overline{x}$ で表す．

$$\text{平均値}\quad \overline{x} = \frac{x_1 + x_2 + \cdots + x_n}{N} = \frac{1}{N}\sum_{i=1}^{n} x_i \tag{1.1}$$

例題 1.2 次のデータは，ある銘柄のバター 10 g 中のコレステロールの含有量 [mg] を分析した結果である．このコレステロール含有量の平均値を求めよ．

$$21\quad 24\quad 18\quad 23\quad 22\quad 24\quad 25\quad 20\quad 26\quad 23$$

[解]　$\overline{x} = \dfrac{21 + 24 + 18 + 23 + 22 + 24 + 25 + 20 + 26 + 23}{10}$

$\qquad = \dfrac{226}{10} = 22.6 \text{ [mg]}$

8 第1章 データの整理

N 個の測定データが，表 1.8 のように，離散変量 x_1 が f_1 個，x_2 が f_2 個，…，x_n が f_n 個というように度数分布表で整理されているときは，x_i と f_i の値の積和 $\displaystyle\sum_{i=1}^{n} x_i f_i = x_1 f_1 + x_2 f_2 + \cdots + x_n f_n$ を全度数 N で割って，

$$\text{平均値} \quad \overline{x} = \frac{x_1 f_1 + x_2 f_2 + \cdots + x_n f_n}{N} = \frac{1}{N} \sum_{i=1}^{n} x_i f_i \qquad (1.2)$$

として求めることができる．ここで，$N = f_1 + f_2 + \cdots + f_n = \displaystyle\sum_{i=1}^{n} f_i$ である．

表 1.8　離散変量の度数分布表

x_i	度数 f_i	$x_i f_i$
x_1	f_1	$x_1 f_1$
x_2	f_2	$x_2 f_2$
$\vdots$	$\vdots$	$\vdots$
x_n	f_n	$x_n f_n$
計	N	$\displaystyle\sum_{i=1}^{n} x_i f_i$

表 1.9　連続変量の度数分布表

階級	階級値 x_i	度数 f_i	$x_i f_i$
(以上)　(未満)			
$c_0 \sim c_1$	x_1	f_1	$x_1 f_1$
$c_1 \sim c_2$	x_2	f_2	$x_2 f_2$
$\vdots$	$\vdots$	$\vdots$	$\vdots$
$c_{n-1} \sim c_n$	x_n	f_n	$x_n f_n$
計	—	N	$\displaystyle\sum_{i=1}^{n} x_i f_i$

N 個の測定データが，表 1.9 のように連続変量を階級ごとに階級値で表した度数分布表として整理されているときは，階級値 $x_i = \dfrac{c_{i-1} + c_i}{2}$ と度数 f_i の積和 $\displaystyle\sum_{i=1}^{n} x_i f_i$ を全度数 N で割って，

$$\text{平均値} \quad \overline{x} = \frac{x_1 f_1 + x_2 f_2 + \cdots + x_n f_n}{N} = \frac{1}{N} \sum_{i=1}^{n} x_i f_i \qquad (1.3)$$

として求めることができる．ここで，$N = \displaystyle\sum_{i=1}^{n} f_i$ である．

例題 1.3 さいころ 2 個を同時に投げ，各回の目の数の和を求める．これを 50 回繰り返したところ，表 1.10 のようになった．目の数の和の平均値を求めよ．

表 1.10

目の数の和 x_i	2	3	4	5	6	7	8	9	10	11	12	計
度数 f_i	2	4	5	4	7	6	5	7	4	3	3	50

1.3 度数分布の特性値　　9

[解]　x_i と f_i との積和 $\displaystyle\sum_{i=1}^{11} x_i f_i$ を求めると，

$$\sum_{i=1}^{11} x_i f_i = 2 \times 2 + 3 \times 4 + 4 \times 5 + 5 \times 4 + 6 \times 7 + 7 \times 6$$
$$+ 8 \times 5 + 9 \times 7 + 10 \times 4 + 11 \times 3 + 12 \times 3 = 352$$

となる．また，全度数は $N = \displaystyle\sum_{i=1}^{11} f_i = 50$ であるから，式 (1.2) より

$$\overline{x} = \frac{352}{50} = 7.04$$

となる．

[例題 1.4]　例題 1.1 で求めた度数分布表（表 1.6）から，平均値を求めよ．

[解]　表 1.6 を用いて，階級の階級値 x_i と度数 f_i の積和 $\displaystyle\sum_{i=1}^{7} x_i f_i$ を求めると，表 1.11 のようになる．

　表 1.11 から，積和 $\displaystyle\sum_{i=1}^{7} x_i f_i = 352.5$，全度数 $N = 45$ である．したがって，式 (1.3) より

$$\overline{x} = \frac{352.5}{45} = 7.83$$

となる．

表 1.11

階級	階級値 x_i	度数 f_i	$x_i f_i$
(以上)　　(未満)			
6.85〜7.15	7.00	2	14.0
7.15〜7.45	7.30	7	51.1
7.45〜7.75	7.60	10	76.0
7.75〜8.05	7.90	13	102.7
8.05〜8.35	8.20	8	65.6
8.35〜8.65	8.50	3	25.5
8.65〜8.95	8.80	2	17.6
計	—	45	352.5

10 第1章 データの整理

(2) 中央値（メジアン）

N 個のデータを大きさの順に並べたとき，そのちょうど中央にあたる値を中央値またはメジアンといい，Me で表す．

いま，$x_1 \leq x_2 \leq \cdots \leq x_N$ とすると，N が奇数のときは，データのちょうど中央，すなわち $\dfrac{N+1}{2}$ 番目の値がメジアンとなる．

$$\text{メジアン} \quad \mathrm{Me} = x_{\frac{N+1}{2}} \tag{1.4}$$

N が偶数のときは，データの中央に並ぶ2つの数，すなわち $\dfrac{N}{2}$ 番目と $\dfrac{N}{2}+1$ 番目の値の平均値がメジアンとなる．

$$\text{メジアン} \quad \mathrm{Me} = \frac{x_{\frac{N}{2}} + x_{\frac{N}{2}+1}}{2} \tag{1.5}$$

例題 1.5 データが 3，6，4，5，8，7，5 のときの中央値を求めよ．

[解] データを小さいほうから順に並べると，次のようになる．

$$3 < 4 < 5 = 5 < 6 < 7 < 8$$

データの個数が7で奇数なので，中央値 Me は $\dfrac{7+1}{2} = 4$ 番目の値で Me $= 5$ である．

例題 1.6 データが 5，8，2，5，4，9，7，6 のときの中央値を求めよ．

[解] データを小さいほうから順に並べると，次のようになる．

$$2 < 4 < 5 = 5 < 6 < 7 < 8 < 9$$

データの個数が8で偶数なので，中央値 Me は $\dfrac{8}{2} = 4$ 番目の値5と $\dfrac{8}{2}+1 = 5$ 番目の値6の平均値で，Me $= \dfrac{5+6}{2} = 5.5$ である．

◉ データが度数分布表である場合

度数分布表から中央値を求めるときは推算による．その方法を例を用いて示そう．いま，表1.12のような累積度数分布表があるとする．

全データ数 N が100であるから，中央値 Me は50番目と51番目の間の値で，$13.45 \sim 14.45$ の階級の中にある．したがって，次のように線形補間法を用いて中央値 Me を計算する．すなわち，中央値 Me が入る階級の下側の境界値 $c_4 = 13.45$，上側の境界

表 1.12　累積度数分布表

階級	度数 f_i	累積度数 $F_i = \sum_{j=1}^{i} f_j$
（以上）　（未満）		
9.45～10.45	4	4
10.45～11.45	7	11
11.45～12.45	13	24
12.45～13.45	18	42
13.45～14.45	22	64
14.45～15.45	17	81
15.45～16.45	11	92
16.45～17.45	7	99
17.45～18.45	1	100
計	100	—

値 $c_5 = 14.45$, 13.45 までの累積度数 $F_4 = 42$, 14.45 までの累積度数 $F_5 = 64$ より, 線形補間法

$$\frac{\mathrm{Me} - c_4}{c_5 - c_4} = \frac{\frac{N+1}{2} - F_4}{F_5 - F_4}$$

を用いて計算する（図 1.2 参照）.

$$\frac{\mathrm{Me} - 13.45}{14.45 - 13.45} = \frac{50.5 - 42}{64 - 42}$$

これより, 次のように求められる.

$$\mathrm{Me} = 13.45 + (14.45 - 13.45) \times \frac{50.5 - 42}{64 - 42}$$
$$= 13.45 + 1 \times \frac{8.5}{22} = 13.84$$

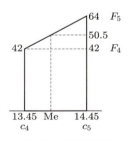

図 1.2　線形補間法

(3) 四分位数

データの値を小さいほうから順に並べて，$x_1 \leq x_2 \leq \cdots \leq x_N$ としたとき，小さいほうから $\frac{1}{4}$ 番目，$\frac{1}{2}$ 番目，$\frac{3}{4}$ 番目にあたる値を第 1 四分位数，第 2 四分位数，第 3 四分位数といい，Q_1, Q_2, Q_3 で表す（図 1.3 参照）．このうち，第 2 四分位数 Q_2 は中央値 Me である．したがって，通常は，四分位数といえば，第 1 四分位数 Q_1 と第 3 四分位数 Q_3 のことをいう．

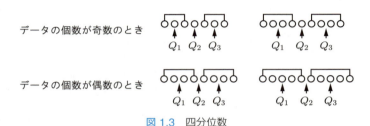

図 1.3 四分位数

例題 1.7 データが 2, 5, 7, 4, 6, 9, 8 のときの中央値 Q_2 と四分位数 Q_1, Q_3 を求めよ．

[解] データを小さい順に並べると，次のようになる．

$$2 \quad 4 \quad 5 \quad 6 \quad 7 \quad 8 \quad 9$$

データの個数は奇数であるから，Q_2 は $\frac{7+1}{2} = 4$ 番目の値 6 である．Q_1 と Q_3 も同様に計算できる．

$$Q_2 = 6, \quad Q_1 = 4, \quad Q_3 = 8$$

例題 1.8 データが 3, 8, 9, 2, 1, 5, 2, 5 のときの中央値 Q_2 と四分位数 Q_1, Q_3 を求めよ．

[解] データを小さい順に並べると，次のようになる．

$$1 \quad 2 \quad 2 \quad 3 \quad 5 \quad 5 \quad 8 \quad 9$$

データの個数は偶数であるから，$\frac{8+1}{2} = 4.5$ 番目，つまり Q_2 は 4 番目の値 3 と 5 番目の値 5 の平均値である．Q_1, Q_3 も同様に計算できる．

$$Q_2 = \frac{3+5}{2} = 4, \quad Q_1 = \frac{2+2}{2} = 2, \quad Q_3 = \frac{5+8}{2} = 6.5$$

(4) 最頻値（モード）

データの中でもっとも多く現れる値を最頻値またはモードといい，Mo で表す．た
とえば，ある商品の年齢別の売り上げ個数が度数分布表で整理されているとき，もっ
とも売り上げ個数が多かった年齢の階級値がモードである．

1.3.2 散布度

測定して得られるデータには常にばらつきがある．平均値だけで，一応，分布の特
性がどのようであるかがわかると思うかもしれないが，これだけでは分布の特徴を十
分に表現できない．たとえば，図 1.4 の A, B をみてみよう．これらは平均値は等し
いが，A ではデータが平均値のまわりに集中しているのに対して，B は平均値から離
れたデータが A より多く現れている．すなわち，A の分布ではばらつきが小さく，B
の分布ではばらつきが大きいといえる．

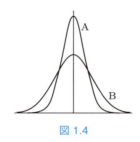

図 1.4

そこで，各データがその平均値からどの程度離れているか，また，全体としてどの
程度ばらついているかを測る必要がある．このような，分布の平均値からのばらつき
の度合いを示すものを散布度という．散布度として，範囲，四分位偏差，平均偏差，分
散，標準偏差，変動係数などが用いられる．また，分布のばらつきを図で表したもの
として，箱ひげ図がある．

(1) 範囲

全データの最大値から最小値を引いたその差を範囲（レンジ）という．これを R で
表すと

$$R = 最大値 - 最小値$$

となる．範囲はばらつきの度合いとしてはもっとも簡単なものであるが，データの両
端の値しか考慮しないので，極端に大きな値または小さな値に左右される．したがっ

て，ばらつきの度合いを比較する量としては適切でない場合が多い．しかし，たとえば品質管理では，工場の正常な状態に障害を与えたり，または変化を与えたりする原因を突き止める道具として有効に用いられている．

(2) 四分位範囲・四分位偏差

データを小さいほうから順に並べたときの，第 3 四分位数 Q_3 から第 1 四分位数 Q_1 を引いた値を<u>四分位範囲</u>という．四分位範囲には，中央値（第 2 四分位数 Q_2）を中心とした 50% のデータが含まれる．この四分位範囲は範囲 R に比べて，極端に離れた値の影響は受けにくい．四分位範囲の $\dfrac{1}{2}$ の値を<u>四分位偏差</u>という．

$$\text{四分位範囲} = Q_3 - Q_1, \quad \text{四分位偏差} = \frac{1}{2}(Q_3 - Q_1)$$

(3) 箱ひげ図

<u>箱ひげ図</u>は，データの分布をみるための図としてアメリカの統計学者テューキー（J. W. Tukey）らによって開発されたものである．分布の概略をデータの最小値，第 1 四分位数，中央値，第 3 四分位数，最大値の 5 つを用いて要約し，主要な特性を図 1.5 のように箱とひげとよばれる線で簡略に表したものである[†]．

図 1.5　箱ひげ図

以下に，箱ひげ図の作り方の手順を示す．

> **☑ 箱ひげ図の作り方**
>
> **1** データの最小値，最大値，第 1 四分位数，中央値，第 3 四分位数を求める．
>
> **2** 第 1 四分位数 Q_1 と第 3 四分位数 Q_3 の間に箱を作る．箱の中の中央値のところに線を引く．
>
> **3** 四分位範囲の幅の 1.5 倍の長さを箱の両側に設け，これを<u>境界値</u>として，ば

[†] 箱ひげ図で用いる諸記号・用語には，現在のところ統一された定義はない．

らつきの目安とする.

$$下側の境界値 = Q_1 - 1.5(Q_3 - Q_1)$$
$$上側の境界値 = Q_3 + 1.5(Q_3 - Q_1)$$

4 全データの最小値および最大値が境界値の範囲内にある場合は，「最小値と Q_1」および「Q_3 と最大値」を直線（ひげ）で結ぶ．全データの中で境界値を超え外側に出る値がある場合は，その超えた値を除いた残りのデータの最小値あるいは最大値を求め，その値と Q_1 あるいは Q_3 を直線で結ぶ．

5 四分位範囲の幅の 3 倍の長さを箱の両側に設け，**特異値**とする．

$$下側の特異値 = Q_1 - 3(Q_3 - Q_1)$$
$$上側の特異値 = Q_3 + 3(Q_3 - Q_1)$$

境界値を超え特異値より内側にある値は，**離れ値**として 1 つずつ○で表す．また，特異値の外側にある値は**飛び離れ値**として◎をつけて区別する．この離れ値と飛び離れ値を合わせて**外れ値**とよぶ．

上側に外れ値がある例を図 1.6 に示す．

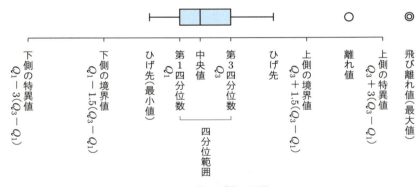

図 1.6　箱ひげ図の用語

2.2.4 項で説明する正規分布という，中央値が箱のほぼ真ん中にあって，全データが左右対称に広がっているものでは，境界値の内側にはおおよそ 99.3% のデータが含まれ，外側に出るのはわずか 0.7% ときわめて小さい．それで，この値を境として外れ値を設定している．ちなみに，正規分布では，特異値までの範囲には全体の 99.9998% のデータが入り，その外側はきわめて稀な値しか生じない領域である．

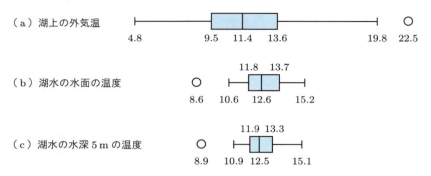

図 1.7 阿寒湖の外気温と湖水の水温 [°C]

箱ひげ図は，いくつかの分布を同時に観察したい場合に用いるとたいへん有効である．図 1.7 は，阿寒湖の 10 月の気温と，湖水の水面（水深 0 m）と，水深 5 m の地点の水温を 1977 年から 2005 年までの 29 年間にわたって測定したデータをもとに作成したものである[†]．

図 1.7 から，外気温は非常にばらつきが大きいが，湖水の水面および水深 5 m の水温は，中央値，第 1 四分位数，第 3 四分位数および最大値，最小値をみてもばらつきが小さく，大きな差はないことがわかる．また，湖水の水深 5 m では外気温の直接の影響が水面よりもさらに少なく，ばらつきが小さくなっていることがわかる．

例題 1.9 表 1.13 は，S 保健所で成人 50 人について血圧測定で得られた最高血圧 [mmHg] を，血圧の低いものから順に整理したデータである．
(1) 箱ひげ図を作成せよ．
(2) データは歪んでいるようにみられるか．その場合，左右どちらに歪んでいるか．
(3) データには外れ値はあるか．

[†] 北海道「昭和 52 年度〜平成 18 年度 公共用水域の水質測定結果」より．

1.3 度数分布の特性値

表 1.13

No.	最高血圧	No.	最高血圧	No.	最高血圧	No.	最高血圧
1	94	14	115	27	122	40	136
2	98	15	115	28	122	41	138
3	100	16	116	29	122	42	138
4	104	17	118	30	122	43	138
5	110	18	118	31	124	44	140
6	110	19	118	32	126	45	144
7	110	20	120	33	130	46	144
8	110	21	120	34	130	47	146
9	112	22	120	35	130	48	154
10	112	23	120	36	130	49	156
11	114	24	120	37	132	50	156
12	114	25	120	38	132		
13	114	26	120	39	136		

[解] (1) 最小値は 94, 最大値は 156 である.

中央値 Me を求める. データ数 $N = 50$ より $\frac{50+1}{2} = 25.5$. これより, 中央値は 25 番目と 26 番目の値の平均値 $\mathrm{Me} = \frac{120+120}{2} = 120$ である.

第 1 四分位数 Q_1 と第 3 四分位数 Q_3 を求める. Q_1 は $\frac{1+25}{2} = 13$ 番目の値より $Q_1 = 114$, Q_3 は $\frac{26+50}{2} = 38$ 番目の値より $Q_3 = 132$ である.

四分位範囲を求める.

$$四分位範囲 = Q_3 - Q_1 = 132 - 114 = 18$$

境界値を求める.

$$下側の境界値 = Q_1 - 1.5(Q_3 - Q_1) = 114 - 1.5 \times 18 = 87$$
$$上側の境界値 = Q_3 + 1.5(Q_3 - Q_1) = 132 + 1.5 \times 18 = 159$$

データはすべて境界値の内側にあるので, ひげ先は最小値と最大値となる.

箱ひげ図を作ると, 図 1.8 のようになる.

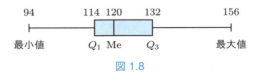

図 1.8

(2) 箱の中の中央値は若干左側に偏っており, また左右のひげの長さは左側は $Q_1 -$ 最小値

18 第 1 章 データの整理

$= 114 - 94 = 20$，右側は最大値 $-Q_3 = 156 - 132 = 24$ で，全体の分布は左側に多少歪んだ形をしている．

(3) 全データの最小値，最大値ともに境界値を超えておらず，外れ値はない．

(4) 平均偏差

測定して得られた個々のデータ x_i $(i = 1, 2, \ldots, N)$ から，このデータの平均値 $\overline{x}$ を引いた $x_i - \overline{x}$ を偏差とよぶ．この偏差は，ばらつきが大きくなるとその絶対値も大きくなるので，分布のばらつきの度合いを示すものとしては適しているようにみえる．しかし，偏差は正あるいは負の値をとり，それぞれの和を求めると常に 0 になる．すなわち，

$$\sum_{i=1}^{N}(x_i - \overline{x}) = (x_1 - \overline{x}) + (x_2 - \overline{x}) + \cdots + (x_N - \overline{x}) = 0 \tag{1.6}$$

となる．これではばらつきの度合いを表すことができない．そこで，この偏差の絶対値 $|x_i - \overline{x}|$ をとり，データの総数 N で割り平均したものを平均偏差といい，次の式で示される（M.D. は mean deviation の略）．

$$\text{M.D.} = \frac{1}{N}\sum_{i=1}^{N}|x_i - \overline{x}| \tag{1.7}$$

(5) 分散と標準偏差

平均偏差では各偏差の絶対値をとって平均したが，この扱いが面倒なので，絶対値のかわりに偏差を平方して，その平均値を求める．これを分散といい，s^2 で表す．

$$\text{分散} \quad s^2 = \frac{1}{N}\sum_{i=1}^{N}(x_i - \overline{x})^2 \tag{1.8}$$

また，分散の正の平方根をとったものを標準偏差といい，s で表す．

$$\text{標準偏差} \quad s = \sqrt{\frac{1}{N}\sum_{i=1}^{N}(x_i - \overline{x})^2} \tag{1.9}$$

データが度数分布表で整理されている場合に分散，標準偏差を求めるときは，それぞれ

$$\text{分散} \quad s^2 = \frac{1}{N}\sum_{i=1}^{n}(x_i - \overline{x})^2 f_i \tag{1.10}$$

$$\text{標準偏差} \quad s = \sqrt{\frac{1}{N}\sum_{i=1}^{n}(x_i - \overline{x})^2 f_i} \tag{1.11}$$

となる．ここで，$N = \sum_{i=1}^{n} f_i$ である．

　分散，標準偏差を求めるためには，まず平方和（または偏差平方和という）を計算しておくとよい．いま，平方和を S とすると，

$$
\begin{aligned}
\text{平方和}\quad S &= (x_1 - \overline{x})^2 + (x_2 - \overline{x})^2 + \cdots + (x_N - \overline{x})^2 \\
&= \sum_{i=1}^{N} (x_i - \overline{x})^2 = \sum_{i=1}^{N} x_i^2 - \frac{1}{N}\left(\sum_{i=1}^{N} x_i\right)^2 \\
&= \sum_{i=1}^{N} x_i^2 - N\overline{x}^2 \qquad \left(\overline{x} = \frac{1}{N}\sum_{i=1}^{N} x_i \ \text{より}\right)
\end{aligned} \tag{1.12}
$$

となる．これより，度数分布の場合は次のようになる．

$$
\text{平方和}\quad S = \sum_{i=1}^{n} x_i^2 f_i - \frac{1}{N}\left(\sum_{i=1}^{n} x_i f_i\right)^2 \tag{1.13}
$$

$$
= \sum_{i=1}^{n} x_i^2 f_i - N\overline{x}^2 \tag{1.14}
$$

したがって，分散および標準偏差の計算式 (1.8), (1.9) は，それぞれ次のようになる．

$$
\begin{aligned}
\text{分散}\quad s^2 = \frac{S}{N} &= \frac{1}{N}\sum_{i=1}^{N} x_i^2 - \frac{1}{N^2}\left(\sum_{i=1}^{N} x_i\right)^2 \\
&= \frac{1}{N}\sum_{i=1}^{N} x_i^2 - \overline{x}^2
\end{aligned} \tag{1.15}
$$

$$
\text{標準偏差}\quad s = \sqrt{\frac{S}{N}} = \sqrt{\frac{1}{N}\sum_{i=1}^{N} x_i^2 - \overline{x}^2} \tag{1.16}
$$

度数分布表からの分散および標準偏差の計算式 (1.10), (1.11) は，それぞれ次のようになる．

$$
\text{分散}\quad s^2 = \frac{1}{N}\sum_{i=1}^{n} x_i^2 f_i - \overline{x}^2 \tag{1.17}
$$

$$
\text{標準偏差}\quad s = \sqrt{\frac{1}{N}\sum_{i=1}^{n} x_i^2 f_i - \overline{x}^2} \tag{1.18}
$$

20 第 1 章 データの整理

例題 1.10 例題 1.2 のデータより，分散および標準偏差を求めよ．

$$21 \quad 24 \quad 18 \quad 23 \quad 22 \quad 24 \quad 25 \quad 20 \quad 26 \quad 23$$

[解] 例題 1.2 で，データ数 $N = 10$，平均値 $\overline{x} = 22.6$ である．

ここで，$\displaystyle\sum_{i=1}^{10} x_i^2$ を求めると

$$\sum_{i=1}^{10} x_i^2 = 21^2 + 24^2 + 18^2 + 23^2 + 22^2 + 24^2 + 25^2 + 20^2 + 26^2 + 23^2$$

$$= 5160$$

となる．したがって，平方和 S は式 (1.14) より，

$$S = \sum_{i=1}^{N} x_i^2 - N\overline{x}^2 = 5160 - 10 \times 22.6^2 = 52.4$$

となり，分散 s^2 および標準偏差 s は次のようになる．

$$s^2 = \frac{52.4}{10} = 5.24$$

$$s = \sqrt{5.24} = 2.29$$

例題 1.11 表 1.11 の度数分布表より，分散および標準偏差を求めよ．

[解] 表 1.14 の中に平方和 S を求めるための計算欄 $x_i^2 f_i$ を作る．

表 1.14 から，$N = 45$，$\displaystyle\sum_{i=1}^{7} x_i f_i = 352.5$，$\displaystyle\sum_{i=1}^{7} x_i^2 f_i = 2769.51$ となる．ゆえに，平方和 S は式 (1.13) より，

$$S = 2769.51 - \frac{352.5^2}{45} = 8.26$$

となる．したがって，分散 s^2 および標準偏差 s は次のようになる．

$$s^2 = \frac{8.26}{45} = 0.1836$$

$$s = \sqrt{0.1836} = 0.43$$

表 1.14

階級	階級値 x_i	度数 f_i	$x_i f_i$	$x_i^2 f_i$
(以上)　　(未満)				
$6.85 \sim 7.15$	7.00	2	14.0	98.00
$7.15 \sim 7.45$	7.30	7	51.1	373.03
$7.45 \sim 7.75$	7.60	10	76.0	577.60
$7.75 \sim 8.05$	7.90	13	102.7	811.33
$8.05 \sim 8.35$	8.20	8	65.6	537.92
$8.35 \sim 8.65$	8.50	3	25.5	216.75
$8.65 \sim 8.95$	8.80	2	17.6	154.88
計	—	45	352.5	2769.51

注　計算値の丸め方については，平均値の桁数は測定値より $1 \sim 2$ 桁多く求めればよく，また，標準偏差は有効桁数 3 桁まで求めればよい.

(6) 変動係数

　一般に，測定値の大きいほうが標準偏差も大きくなる傾向がある．たとえば，自宅から 1000 m ほど離れた駅まで歩く時間を繰り返し測定していくつかの測定値を得たとし，その標準偏差がほぼ 1 分であったとする．一方，100 m ほど離れたスーパーまで歩く時間を繰り返し測定していくつかの測定値が得られたとし，その標準偏差がほぼ 20 秒であったとする．この 2 つの場合をみても，測定値の大きい前者の標準偏差は確かに大きく，後者は小さい．しかし，データのばらつきという点からすると，前者のほうが小さいといえる．このような，測定値の大小を無視して測定単位の異なる量の分布の相対的ばらつきを求め比較するようなときに用いられるものが，変動係数（または変異係数）である．変動係数は，標準偏差を平均値で割って，

$$C = \frac{s}{\bar{x}} \tag{1.19}$$

として求められる．変動係数は単位のない無名数である.

　いま，A，B の 2 組の測定値から求めた変動係数を C_A，C_B とするとき，$C_A > C_B$ ならば，A より B のほうがばらつきが小さく，平均のまわりに集中しているとみなせる.

1.3.3 歪度

これまで，度数分布の特性を示すものとして代表値と散布度を説明してきた．しかし，この2つの特性だけではまだ十分とはいえない．たとえば，表 1.15 に示す A，B，C の 3 つの分布は，それぞれ平均値，分散がともに等しいが，図 1.9 でみるように分布の形はまったく違っている．

表 1.15

値	A の度数	B の度数	C の度数
2	2	0	2
3	3	6	4
4	7	9	7
5	16	12	12
6	7	7	9
7	3	4	6
8	2	2	0
計	40	40	40
平均値	5	5	5
標準偏差	1.36	1.36	1.36
歪度	0	0.36	−0.36

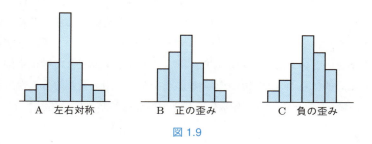

図 1.9

A の分布は平均値を中心として左右対称な分布であるが，B の分布は右側に歪んでおり，C の分布は左側に歪んでいる．このような歪みの程度を示す尺度として，平均からの偏差の 3 乗和を総度数 N で割って平均した

$$M_3 = \frac{1}{N} \sum_{i=1}^{n} (x_i - \overline{x})^3 f_i \tag{1.20}$$

が用いられる．このとき，$M_3 > 0$ ならば右側に歪んだ分布，$M_3 = 0$ ならば左右ほぼ対称な分布，$M_3 < 0$ ならば左側に歪んだ分布となる．M_3 は測定単位に影響されるので，これを取り除くため標準偏差の 3 乗 s^3 で割り，これを α_3 とおく．

$$\alpha_3 = \frac{M_3}{s^3} \tag{1.21}$$

この α_3 は分布の左右対称または非対称の度合いを示すもので，これを歪度とよぶ．歪度 α_3 も M_3 と同様，

$\alpha_3 > 0$ ならば，右に歪んだ分布
$\alpha_3 = 0$ ならば，左右対称な分布
$\alpha_3 < 0$ ならば，左に歪んだ分布

の形をしている．

1.3.4 尖度

これまで，代表値，散布度および歪度の 3 つを述べてきたが，度数分布の特徴はこれらの 3 つの特性だけではまだ十分に把握できていない．最後に，もう 1 つの特性値として尖度について説明する．

たとえば，表 1.16 は，A，B の 2 つの分布の平均値と分散および歪度がともに等しくなるように作られた度数分布である．図 1.10 にみられるように，平均値のまわりの度数の集中（尖り）の度合いは，B に比べ A のほうが大きい．つまり，平均値と分散および歪度がともに等しくても分布の様子が異なっているのである．

この平均のまわりの度数の集中（尖り）の度合いを示す尺度として，平均からの偏差の 4 乗和を総度数 N で割って平均した

表 1.16

値	A の度数	B の度数
2	2	1
3	1	3
4	8	10
5	18	14
6	8	10
7	1	3
8	2	1
計	40	42
平均値	5	5
標準偏差	1.22	1.21
歪度	0	0
尖度	4.1	3.0

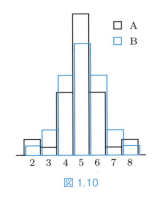

図 1.10

$$M_4 = \frac{1}{N} \sum_{i=1}^{n} (x_i - \overline{x})^4 f_i \tag{1.22}$$

が用いられる．歪度と同様に，測定単位を取り除くために標準偏差の 4 乗 s^4 で割り，これを α_4 とおく．

$$\alpha_4 = \frac{M_4}{s^4} \tag{1.23}$$

これを尖度という．尖度 α_4 は，

$$\alpha_4 > 3 \ ならば，\ 尖った分布$$
$$\alpha_4 = 3 \ ならば，\ 正規分布$$
$$\alpha_4 < 3 \ ならば，\ 扁平な分布$$

の形をしている．

1.4 相関係数

これまでは，測定値がただ 1 つの変量の場合について述べてきた．ここでは，測定値が 1 人の生徒の身長と体重とか，あるいは国語と英語の成績といった，2 つの変量を 1 組にした測定値の整理について述べることにする．

1.4.1 散布図

表 1.17 のデータは，新生児 30 人の身長と体重の測定値である．この関係を直観的に把握するために，図 1.11 のように横軸 (x) に身長をとり，縦軸 (y) に体重をとってグラフ上に示す．このグラフを散布図（または相関図）という．このグラフ上の 2 つの変量 x と y のように，x の値の増減と y の値の増減に直線的な関係がみられるとき，x と y の間に相関関係があるという．

たとえば，図 1.12 (a) では，x が増加すると y の値もおおよそ増加する傾向にある．このようなとき，x と y の間に正の相関があるという．これに対して，図 (b) のように x が増加すると y が減少する傾向がみられるとき，x と y の間には負の相関があるという．そして，図 (c) のように x の増減に y がまったく影響されないとき，x と y との間には相関がない（無相関）という．

表 1.17 新生児の身長 [cm] と体重 [kg]

No.	x	y	No.	x	y	No.	x	y
1	49	2.6	11	47	3.0	21	49	2.8
2	53	3.4	12	49	2.8	22	50	3.4
3	48	3.2	13	50	3.0	23	53	3.6
4	52	3.8	14	49	3.0	24	48	3.8
5	51	3.4	15	48	2.8	25	50	3.6
6	52	3.6	16	49	3.2	26	51	3.4
7	49	2.8	17	50	3.2	27	52	3.8
8	50	3.0	18	48	2.6	28	52	3.6
9	52	3.8	19	50	3.2	29	49	3.0
10	50	3.2	20	48	2.8	30	52	3.4

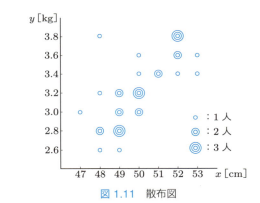

図 1.11 散布図

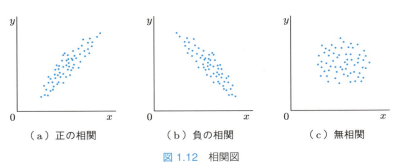

図 1.12 相関図

1.4.2 相関係数の計算

散布図からは，2 つの変量 x と y の間の関係をある程度読み取ることができるが，この関係の強弱の度合いを 1 つの数値として表したものが相関係数である．

いま，2 つの変量 x, y を測定して得られた N 個のデータの組を

26　第 1 章　データの整理

$$(x_1, y_1), \quad (x_2, y_2), \quad \ldots, \quad (x_N, y_N)$$

とするとき，相関係数 r は次の式で求められる．

$$r = \frac{\dfrac{1}{N}\sum_{i=1}^{N}(x_i - \overline{x})(y_i - \overline{y})}{\sqrt{\dfrac{1}{N}\sum_{i=1}^{N}(x_i - \overline{x})^2}\sqrt{\dfrac{1}{N}\sum_{i=1}^{N}(y_i - \overline{y})^2}} \tag{1.24}$$

この式の分母，分子に N をかけて，次のように変形する．

$$r = \frac{\displaystyle\sum_{i=1}^{N}(x_i - \overline{x})(y_i - \overline{y})}{\sqrt{\displaystyle\sum_{i=1}^{N}(x_i - \overline{x})^2}\sqrt{\displaystyle\sum_{i=1}^{N}(y_i - \overline{y})^2}} = \frac{S_{xy}}{\sqrt{S_x}\cdot\sqrt{S_y}} \tag{1.25}$$

ここで，S_x, S_y および S_{xy} は次の式で計算する．

$$S_x = \sum_{i=1}^{N}x_i^2 - \frac{1}{N}\left(\sum_{i=1}^{N}x_i\right)^2 \quad \left(=\sum_{i=1}^{N}x_i^2 - N\overline{x}^2\right) \tag{1.26}$$

$$S_y = \sum_{i=1}^{N}y_i^2 - \frac{1}{N}\left(\sum_{i=1}^{N}y_i\right)^2 \quad \left(=\sum_{i=1}^{N}y_i^2 - N\overline{y}^2\right) \tag{1.27}$$

$$S_{xy} = \sum_{i=1}^{N}x_iy_i - \frac{1}{N}\left(\sum_{i=1}^{N}x_i\right)\left(\sum_{i=1}^{N}y_i\right) \quad \left(=\sum_{i=1}^{N}x_iy_i - N\overline{x}\,\overline{y}\right) \tag{1.28}$$

この相関係数 r の値は常に $-1 \leq r \leq 1$ である．$r > 0$ のときは x と y は正の相関関係があるといい，$r < 0$ のときは x と y は負の相関関係があるという．また，$r = 0$ のときは無相関を表す．$r = \pm 1$ のときは完全相関といい，すべてのデータがそれぞれ傾きが正または負の直線上の点になる．

　ここで，相関係数を計算する手順をまとめておこう．

1.4 相関係数 　27

☑ 相関係数の計算手順

1 次の計算表 1.18 を作る.

表 1.18

No.	x	y	x^2	y^2	xy
1	x_1	y_1	x_1^2	y_1^2	$x_1 y_1$
2	x_2	y_2	x_2^2	y_2^2	$x_2 y_2$
$\vdots$	$\vdots$	$\vdots$	$\vdots$	$\vdots$	$\vdots$
N	x_N	y_N	x_N^2	y_N^2	$x_N y_N$
計	$\displaystyle\sum_{i=1}^{N} x_i$	$\displaystyle\sum_{i=1}^{N} y_i$	$\displaystyle\sum_{i=1}^{N} x_i^2$	$\displaystyle\sum_{i=1}^{N} y_i^2$	$\displaystyle\sum_{i=1}^{N} x_i y_i$

2 平方和 S_x, S_y および S_{xy} を求める.

$$S_x = \sum_{i=1}^{N} x_i^2 - \frac{1}{N}\left(\sum_{i=1}^{N} x_i\right)^2 \quad \left(= \sum_{i=1}^{N} x_i^2 - N\overline{x}^2\right)$$

$$S_y = \sum_{i=1}^{N} y_i^2 - \frac{1}{N}\left(\sum_{i=1}^{N} y_i\right)^2 \quad \left(= \sum_{i=1}^{N} y_i^2 - N\overline{y}^2\right)$$

$$S_{xy} = \sum_{i=1}^{N} x_i y_i - \frac{1}{N}\left(\sum_{i=1}^{N} x_i\right)\left(\sum_{i=1}^{N} y_i\right) \quad \left(= \sum_{i=1}^{N} x_i y_i - N\overline{x}\,\overline{y}\right)$$

ただし,

$$\overline{x} = \frac{1}{N}\sum_{i=1}^{N} x_i, \qquad \overline{y} = \frac{1}{N}\sum_{i=1}^{N} y_i$$

3 相関係数 r を求める.

$$r = \frac{S_{xy}}{\sqrt{S_x} \cdot \sqrt{S_y}}$$

例題 1.12 表 1.17 の新生児の身長と体重について, 相関係数を求めよ.

- -

[解] **1** 計算表 1.19 を作り, $\displaystyle\sum_{i=1}^{30} x_i$, $\displaystyle\sum_{i=1}^{30} y_i$ および $\displaystyle\sum_{i=1}^{30} x_i^2$, $\displaystyle\sum_{i=1}^{30} y_i^2$, $\displaystyle\sum_{i=1}^{30} x_i y_i$ を求める.

28　第 1 章　データの整理

表 1.19　相関係数の計算表（x：身長 [cm]，y：体重 [kg]）

No.	x	y	x^2	y^2	xy	No.	x	y	x^2	y^2	xy
1	49	2.6	2401	6.76	127.4	16	49	3.2	2401	10.24	156.8
2	53	3.4	2809	11.56	180.2	17	50	3.2	2500	10.24	160.0
3	48	3.2	2304	10.24	153.6	18	48	2.6	2304	6.76	124.8
4	52	3.8	2704	14.44	197.6	19	50	3.2	2500	10.24	160.0
5	51	3.4	2601	11.56	173.4	20	48	2.8	2304	7.84	134.4
6	52	3.6	2704	12.96	187.2	21	49	2.8	2401	7.84	137.2
7	49	2.8	2401	7.84	137.2	22	50	3.4	2500	11.56	170.0
8	50	3.0	2500	9.00	150.0	23	53	3.6	2809	12.96	190.8
9	52	3.8	2704	14.44	197.6	24	48	3.8	2304	14.44	182.4
10	50	3.2	2500	10.24	160.0	25	50	3.6	2500	12.96	180.0
11	47	3.0	2209	9.00	141.0	26	51	3.4	2601	11.56	173.4
12	49	2.8	2401	7.84	137.2	27	52	3.8	2704	14.44	197.6
13	50	3.0	2500	9.00	150.0	28	52	3.6	2704	12.96	187.2
14	49	3.0	2401	9.00	147.0	29	49	3.0	2401	9.00	147.0
15	48	2.8	2304	7.84	134.4	30	52	3.4	2704	11.56	176.8
						計	1500	96.8	75080	316.32	4852.2

$$N = 30, \qquad \sum_{i=1}^{30} x_i = 1500, \qquad \sum_{i=1}^{30} x_i^2 = 75080$$

$$\sum_{i=1}^{30} y_i = 96.8, \qquad \sum_{i=1}^{30} y_i^2 = 316.32, \qquad \sum_{i=1}^{30} x_i y_i = 4852.2$$

2 平方和 S_x，S_y および S_{xy} を計算する．

$$S_x = 75080 - \frac{1500^2}{30} = 80$$

$$S_y = 316.32 - \frac{96.8^2}{30} = 3.98$$

$$S_{xy} = 4852.2 - \frac{1500 \times 96.8}{30} = 12.2$$

3 これより相関係数 r は次のようになる．

$$r = \frac{S_{xy}}{\sqrt{S_x}\,\sqrt{S_y}} = \frac{12.2}{\sqrt{80}\,\sqrt{3.98}} = 0.684$$

1.4.3　回帰直線

散布図から，2 つの変量 x，y の間に相関関係があることがわかったとき，その関係を式として得ることができる．

表 1.20 のデータは，あるコンビニエンスストアで購入した同一種類の 10 個の幕の内弁当について，その熱量 y [kcal] と脂質 x [g] を測定し得られた結果である．この相関係数 r は 0.96 となり，強い相関がみられる．これをグラフで表すと，図 1.13(a) のように，y と x の間には直線的な関係にあることがわかる．

表 1.20

熱量	764	861	773	758	794	771	783	731	788	814
脂質	19.6	24.6	20.5	20.0	20.9	19.9	20.4	18.4	22.1	22.9

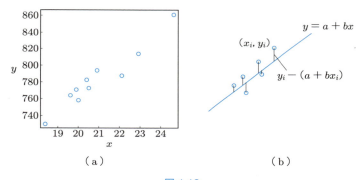

(a) (b)

図 1.13

そこで，その関係を表す直線の式を求めることにしよう．いま，この直線の式を

$$y = a + bx \tag{1.29}$$

とする．この直線と，プロットした個々の点 (x_i, y_i) との y 軸方向に測った距離（図 1.13(b) 参照）の 2 乗和

$$S = \sum_{i=1}^{N} \{y_i - (a + bx_i)\}^2 \tag{1.30}$$

を最小にするように，切片 a と傾き b の値を定める．この方法は**最小 2 乗法**とよばれている．a と b の値は，次の式で求められる．

$$b = \frac{N \sum_{i=1}^{N} x_i y_i - \left(\sum_{i=1}^{N} x_i\right)\left(\sum_{i=1}^{N} y_i\right)}{N \sum_{i=1}^{N} x_i^2 - \left(\sum_{i=1}^{N} x_i\right)^2} \tag{1.31}$$

$$a = \overline{y} - b\overline{x} \tag{1.32}$$

30 第1章 データの整理

したがって，求める直線の式は

$$y - \overline{y} = \frac{N \sum_{i=1}^{N} x_i y_i - \left(\sum_{i=1}^{N} x_i\right)\left(\sum_{i=1}^{N} y_i\right)}{N \sum_{i=1}^{N} x_i^2 - \left(\sum_{i=1}^{N} x_i\right)^2} (x - \overline{x}) \tag{1.33}$$

となる．この直線の式を，**y の x への回帰直線**という．同様にして，直線への各点 (x_i, y_i) から x 軸方向への距離の 2 乗和を最小にするような直線の式は

$$x - \overline{x} = \frac{N \sum_{i=1}^{N} x_i y_i - \left(\sum_{i=1}^{N} x_i\right)\left(\sum_{i=1}^{N} y_i\right)}{N \sum_{i=1}^{N} y_i^2 - \left(\sum_{i=1}^{N} y_i\right)^2} (y - \overline{y}) \tag{1.34}$$

となる．この直線の式を，**x の y への回帰直線**という．

なお，式 (1.31) の直線の傾き b は，分子，分母を N で割ると，式 (1.26)，(1.27)，(1.28) から

$$b = \frac{\sum_{i=1}^{N} x_i y_i - \frac{1}{N}\left(\sum_{i=1}^{N} x_i\right)\left(\sum_{i=1}^{N} y_i\right)}{\sum_{i=1}^{N} x_i^2 - \frac{1}{N}\left(\sum_{i=1}^{N} x_i\right)^2} = \frac{S_{xy}}{S_x}$$

$$= \frac{S_{xy}}{\sqrt{S_x}\sqrt{S_y}} \cdot \frac{\sqrt{S_y}}{\sqrt{S_x}} = r\frac{\sqrt{S_y}}{\sqrt{S_x}} = r\frac{s_y}{s_x} \tag{1.35}$$

となる．ここで，

$$s_x = \sqrt{\frac{S_x}{N}}, \qquad s_y = \sqrt{\frac{S_y}{N}}$$

とした．したがって，式 (1.33) は

$$y - \overline{y} = r\frac{s_y}{s_x}(x - \overline{x}) \tag{1.36}$$

となる．$r\dfrac{s_y}{s_x}$ を **y の x への回帰係数**という．同様にして，式 (1.34) は

$$x - \overline{x} = r\frac{s_x}{s_y}(y - \overline{y}) \tag{1.37}$$

となり，$r\dfrac{s_x}{s_y}$ を **x の y への回帰係数**という．

変量 y は，回帰直線の上下にばらついて分布しており，そのばらつきが小さいほど x と y の相関関係が強いことを示している．変量 y の変化の中で，変量 x の変化によって説明される部分の割合を示すのが**寄与率**とよばれるもので，相関係数の 2 乗 r^2 で求められる．$0 \le r^2 \le 1$ であり，$r^2 = 1$ に近いほど x と y の相関関係が強いということになる．たとえば，$r = 0.5$ のとき寄与率 $r^2 = 0.25$ であるが，これは，変量 y の変化のうち 25% が変量 x の変化によって説明されると考えてよい，ということである．

回帰直線を求める手順をまとめておく．

☑ 回帰直線の計算手順

1 次の計算表 1.21 を作る．

表 1.21　計算表

No.	x	y	x^2	xy
1	x_1	y_1	x_1^2	$x_1 y_1$
2	x_2	y_2	x_2^2	$x_2 y_2$
$\vdots$	$\vdots$	$\vdots$	$\vdots$	$\vdots$
N	x_N	y_N	x_N^2	$x_N y_N$
計	$\displaystyle\sum_{i=1}^{N} x_i$	$\displaystyle\sum_{i=1}^{N} y_i$	$\displaystyle\sum_{i=1}^{N} x_i^2$	$\displaystyle\sum_{i=1}^{N} x_i y_i$

2 x，y の平均値 $\overline{x}$，$\overline{y}$ を求める．

$$\overline{x} = \frac{1}{N}\sum_{i=1}^{N} x_i, \qquad \overline{y} = \frac{1}{N}\sum_{i=1}^{N} y_i$$

3 平方和 S_x，S_{xy} を求める．

$$S_x = \sum_{i=1}^{N} x_i^2 - \frac{1}{N}\left(\sum_{i=1}^{N} x_i\right)^2$$

$$S_{xy} = \sum_{i=1}^{N} x_i y_i - \frac{1}{N}\left(\sum_{i=1}^{N} x_i\right)\left(\sum_{i=1}^{N} y_i\right)$$

4 直線の傾き b を求める．

$$b = \frac{S_{xy}}{S_x}$$

32　第1章　データの整理

5 直線の切片 a を求める.

$$a = \overline{y} - b\overline{x}$$

6 y の x への回帰直線を求める.

$$y = a + bx$$

例題 **1.13**　表 1.20 のデータについて，回帰直線を求めよ.

［解］　**1** 計算表 1.22 を作る.

表 1.22　計算表

No.	脂質 x	熱量 y	x^2	xy
1	19.6	764	384.16	14974.4
2	24.6	861	605.16	21180.6
3	20.5	773	420.25	15846.5
4	20.0	758	400.00	15160.0
5	20.9	794	436.81	16594.6
6	19.9	771	396.01	15342.9
7	20.4	783	416.16	15973.2
8	18.4	731	338.56	13450.4
9	22.1	788	488.41	17414.8
10	22.9	814	524.41	18640.6
計	209.3	7837	4409.93	164578.0

2 表より，$\overline{x}$, $\overline{y}$ を求める.

$$\overline{x} = \frac{209.3}{10} = 20.93, \qquad \overline{y} = \frac{7837}{10} = 783.7$$

3 平方和 S_x, S_{xy} を求める.

$$S_x = 4409.93 - \frac{(209.3)^2}{10} = 29.281$$

$$S_{xy} = 164578.0 - \frac{209.3 \times 7837}{10} = 549.59$$

4 直線の傾き b を求める.

$$b = \frac{S_{xy}}{S_x} = \frac{549.59}{29.281} = 18.77$$

5 直線の切片 a を求める.

$$a = 783.7 - 18.77 \times 20.93 = 390.84$$

6 y の x への回帰直線を求める．

$$y = 390.84 + 18.77x$$

図 1.14 にこの直線を示す．

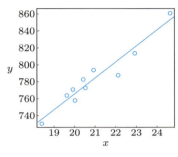

図 1.14　回帰直線

― 演習問題 ―

1.1 度数分布表 1.23 より，中央値を求めよ．

表 1.23

階級	度数	累積度数
（以上）　（未満）		
8.5 ～ 9.0	3	3
9.0 ～ 9.5	7	10
9.5 ～ 10.0	11	21
10.0 ～ 10.5	17	38
10.5 ～ 11.0	23	61
11.0 ～ 11.5	19	80
11.5 ～ 12.0	11	91
12.0 ～ 12.5	8	99
12.5 ～ 13.0	4	103
計	103	―

表 1.24

階級	度数
（以上）　（未満）	
331 ～ 371	2
371 ～ 411	8
411 ～ 451	13
451 ～ 491	19
491 ～ 531	25
531 ～ 571	16
571 ～ 611	7
611 ～ 651	2
651 ～ 691	1

1.2 次のデータは新生児 30 名の体重 [g] である．なお，データは小さい順に並べてある．

　　2160　2340　2640　2770　2800　2810　2850　3010　3040　3060
　　3120　3120　3240　3320　3400　3400　3420　3430　3450　3460
　　3480　3500　3600　3650　3790　3800　3930　3980　4030　4280

(1) 箱ひげ図を作成せよ．
(2) 箱ひげ図から得られたデータの特徴について述べよ．

34   第1章　データの整理

1.3　ある機械加工品の寸法 [mm] を測定した結果，次のような結果を得た．この加工品の寸法の平均値，分散および標準偏差を求めよ．

$$15.27 \quad 14.96 \quad 15.00 \quad 15.06 \quad 14.99 \quad 15.02$$

1.4　度数分布表 1.24 から，平均値および標準偏差を求めよ．

1.5　ある養鶏場で生産されているたまごを 50 個購入し，その重さ [g] を測定したところ，次の値が得られた．これより，度数分布表を作成し，平均値，分散および標準偏差を計算せよ．

61.8	59.4	61.7	62.2	58.5	61.0	59.1	62.3	52.3	53.4
54.3	60.5	59.8	61.0	62.0	56.5	57.7	58.5	59.9	63.1
55.8	57.3	66.5	62.0	53.4	56.5	64.2	54.3	58.3	61.0
65.0	54.8	63.0	59.5	60.9	58.2	61.3	62.1	57.4	62.8
57.7	59.3	58.2	60.0	63.8	64.1	52.9	60.1	56.8	61.5

1.6　表 1.25 は，あるスポーツクラブの少年 14 人について，12 歳から 13 歳の 1 年間の身長 x [cm] と体重 y [kg] の発育量を測定したデータである．この x と y の相関係数を求めよ．

表 1.25

No.	身長 x	体重 y	No.	身長 x	体重 y
1	6.7	6.0	8	9.0	10.1
2	4.0	6.5	9	7.0	9.0
3	3.0	5.0	10	5.0	5.0
4	2.7	6.0	11	7.8	8.0
5	7.0	1.0	12	4.3	4.2
6	8.0	3.0	13	8.0	10.0
7	8.0	6.0	14	7.0	7.0

1.7　表 1.26 は，ある保健所で成人 50 人について血圧 [mmHg] の測定をした結果である．これから，最高血圧の最低血圧に対する回帰直線を求めよ．

演習問題　35

表 1.26　最低血圧 x と最高血圧 y

No.	最低血圧 x	最高血圧 y	No.	最低血圧 x	最高血圧 y
1	74	138	16	86	140
2	84	154	17	58	100
3	80	130	18	70	130
4	90	144	19	55	115
5	54	122	20	66	130
6	85	120	21	56	138
7	80	136	22	82	120
8	70	114	23	82	144
9	90	132	24	74	110
10	80	122	25	72	110
11	78	120	26	66	110
12	50	116	27	70	120
13	68	114	28	94	156
14	70	118	29	74	122
15	64	132	30	86	118

第 2 章

確率と確率分布

2.1 事象と確率

2.1.1 試行と事象

　同一とみなされる条件のもとで繰り返し行うことができる実験・観察・調査を一般に試行といい，この試行の結果，起こる事柄を事象という．

　いま，ある試行を行ったとしよう．そこで観測された結果の集まりは 1 つの集合を形成する．たとえば，1 個のさいころを投げるという試行に対しては，1 の目が出る，2 の目が出る，…，6 の目が出るという 6 つの事象のどれかが起こる．この試行によって起こる可能性のある事象のすべての集合を Ω（オメガ）で表すと，

$$\Omega = \{1, 2, 3, 4, 5, 6\}$$

を得る．集合 Ω をこの試行の標本空間とよび，Ω に含まれる要素を元（標本点）とよぶ．

　標本空間の中の，ただ 1 つの元からなる集合の表す事象を根元事象という．これに対して，複数の元からなる Ω の部分集合の表す事象を複合事象という．根元事象はあらゆる事象の構成単位になる事象であって，これをさらに分解することはできないが，複合事象はそれを構成するいくつかの根元事象に分解できる．

　たとえば，1 個のさいころを投げるという試行に関する標本空間 Ω に対する根元事象は，$\{1\}$, $\{2\}$, $\{3\}$, $\{4\}$, $\{5\}$, $\{6\}$ の 6 つがある．これに対し，偶数の目の出る事象は $\{2, 4, 6\}$ であり，さらに 3 つの根元事象 $\{2\}$, $\{4\}$, $\{6\}$ に分解できる．

　また，Ω で表される事象を全事象という．全事象は確実に起こる事象であるが，これに対して絶対に起こらない事象を空事象といい，$\emptyset$ と書く．A と B の 2 つの事象が同時に起こる事象を A と B の積事象といい，$A \cap B$ と書く．A と B の 2 つの事象のうち，少なくとも一方が起こるという事象を A と B の和事象といい，$A \cup B$ と書

く．A と B が同時には決して起こらない事象であるとき，すなわち，$A \cap B = \emptyset$ のとき，A と B は互いに排反である，または排反事象という．事象 A に対して，A が起こらないという事象を A の余事象といい，$\overline{A}$ と書く．これらを図示すると，図 2.1 のようになる．

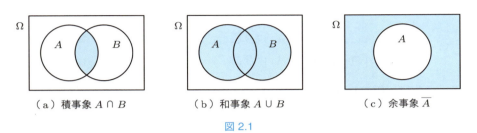

(a) 積事象 $A \cap B$　　(b) 和事象 $A \cup B$　　(c) 余事象 $\overline{A}$

図 2.1

ここで，さいころを投げるという試行を例にして考えよう．

偶数の目の出る事象を A，3 以下の目の出る事象を B とする．すなわち，$A = \{2, 4, 6\}$，$B = \{1, 2, 3\}$ とすると，

積事象　$A \cap B = \{2\}$
和事象　$A \cup B = \{1, 2, 3, 4, 6\}$

である．

偶数の目の出る事象を A，奇数の目の出る事象を B とすれば，

A と B とは排反事象で　$A \cap B = \emptyset$
A の余事象は B で　　　$B = \overline{A}$

である．

これらの事象の演算に関して次の関係式が成り立つ．

1. 全事象を Ω，空事象を $\emptyset$ とするとき，

$$\Omega = \Omega \cup \emptyset, \quad \emptyset = \Omega \cap \emptyset \quad (\overline{\Omega} = \emptyset, \quad \overline{\emptyset} = \Omega)$$

2. 任意の事象 A に対して，

$$A \cap \overline{A} = \emptyset, \quad A \cup \overline{A} = \Omega$$

38 第2章　確率と確率分布

3. （交換律）任意の A, B, C に対して，

$$A \cup B = B \cup A$$
$$A \cap B = B \cap A$$

4. （結合律）任意の A, B, C に対して，

$$(A \cup B) \cup C = A \cup (B \cup C)$$
$$(A \cap B) \cap C = A \cap (B \cap C)$$

5. （分配律）任意の A, B, C に対して，

$$A \cup (B \cap C) = (A \cup B) \cap (A \cup C)$$
$$A \cap (B \cup C) = (A \cap B) \cup (A \cap C)$$

6. （ド・モルガンの法則）任意の事象 A, B に対して，

$$\overline{A \cup B} = \overline{A} \cap \overline{B}, \qquad \overline{A \cap B} = \overline{A} \cup \overline{B}$$

7. 任意の事象 A, B, C に対して，

$$(A \cap B) \cap (A \cap \overline{B}) = \emptyset, \qquad A = (A \cap B) \cup (A \cap \overline{B})$$

2.1.2　確率の考え方

確率とは，ある事象の起こる確からしさの程度を，0から1の間の1つの数値で表したものである．0の場合はその事象は絶対に起こらず，1の場合は必ず起こることを意味する．

1枚の硬貨を投げるとき，表の出ることも裏の出ることも同様に確からしいならば，表の出る確率は $\dfrac{1}{2}$ $\left(裏の出る確率も \dfrac{1}{2}\right)$ ということができよう．また，3本の当たりくじの入っている10本のくじから1本を引くとき，どのくじが引かれることも同様に確からしいならば，当たる確率は $\dfrac{3}{10}$ であるといえよう．

以上のような考え方から，次のような確率の定義が得られる．

数学的確率の定義　　ある試行において，起こり得る可能な場合の総数が n 個あって，それらのどれが起こることも同様に確からしいとする．このとき，ある事象 A が起こる場合の数を r 個とすると，その事象 A の起こる確率は

$$P(A) = \frac{r}{n}$$

と定義する．これを数学的確率または先験的確率という．

たとえば，正しく作られたさいころを投げたとき，ある特定の目が出る確率は $\frac{1}{6}$ である．また，目の数が 4 以上である確率は $\frac{3}{6} = \frac{1}{2}$ である．

ところで，実際の事象について，この定義によって確率を求めようとするとき，「同様に確からしい」とか「可能な場合」といった言葉にはいろいろ問題がある．

たとえば，野球の打率とか出生児の性別の予測などのような事象では，この定義のように，同様に確からしいいくつかの場合に分析できないから，これを適用することはできない．

野球の打率についてみれば，数多くの試合における成績から安打の出る確からしさを測ることができよう．また，出生児の性別についても，数多く調べて，一般に 1 人の出生児が男である確からしさを測れよう．

そこで，次のような確率の定義が考えられる．

統計的確率の定義　　ある試行を繰り返し n 回行ったとき，そのうちある事象 A が r 回起こったとする．いま，試行の回数 n が相当大きいならば，その相対度数 $\frac{r}{n}$ によって A の起こる確からしさを推測することができる．すなわち，n を限りなく大きくとったとき，$\frac{r}{n}$ が一定の値 p に限りなく近づくならば，事象 A の起こる確率は

$$P(A) = p$$

と定義する．これを統計的確率または経験的確率という．

たとえば，正しくない（歪んだ）と思われるさいころでも，非常に多くの回数を投げたとき，ある 1 つの目の出る相対度数が一定の値 $\frac{1}{6}$ に限りなく近づくならば，その目の出る確率は $\frac{1}{6}$ であると考える．

2.1.3　確率の基本的な性質

確率に関しては，次の性質 (I)，(II)，(III) が前提となる．

Ω を標本空間とするとき，

40 第2章 確率と確率分布

（Ⅰ）すべての事象 A に対して，$P(A) \geq 0$

（Ⅱ）$P(\Omega) = 1$

（Ⅲ）互いに背反な事象 $A_1, A_2, \ldots$ に対して，

$$P(A_1 \cup A_2 \cup \cdots) = P(A_1) + P(A_2) + \cdots$$

が成り立つ.

（Ⅰ）〜（Ⅲ）から，以下のような性質が導かれる.

1. 事象 A の確率は 0 と 1 の間にある.

$$0 \leq P(A) \leq 1$$

2. 決して起こらない事象の確率は 0 である.

$$P(\emptyset) = 0$$

3. ある事象 A に対して，A の起こらない事象を $\overline{A}$ と表すと，次式が成り立つ.

$$P(A) = 1 - P(\overline{A})$$

4. 2つの事象 A, B に対して，A, B の少なくとも一方が起こる確率は，A の確率と B の確率の和から，2重に数えた $A \cap B$ の確率を除いたものに等しい. これを確率の加法定理という. すなわち，

$$P(A \cup B) = P(A) + P(B) - P(A \cap B) \tag{2.1}$$

が成り立つ. A, B が同時には決して起こらないとき，すなわち A と B が互いに排反であるときは，$P(A \cap B) = 0$ であるから，A, B のいずれか一方が必ず起こる確率は

$$P(A \cup B) = P(A) + P(B)$$

となる.

2つの事象を A と B とし，それらの起こりうる可能な場合の総数 n を次のように区分する（図 2.2 参照）.

    A, B がともに起こる（$A \cap B$）場合の数を a

    A が起こり，B が起こらない（$A \cap \overline{B}$）場合の数を b

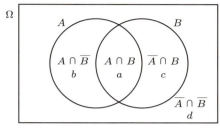

図 2.2

A が起こらないで,B が起こる ($\overline{A} \cap B$) 場合の数を c

A,B がともに起こらない ($\overline{A} \cap \overline{B}$) 場合の数を d

ここで,$n = a + b + c + d$ である.場合の数を用いて確率を表すと,次のようになる.

A,B がともに起こる確率は $P(A \cap B) = \dfrac{a}{n}$

A の起こる確率は $P(A) = \dfrac{a+b}{n}$

すでに A が起こったとすると,B が起こるのは $(a+b)$ 個の場合の中で a 個の場合だけであるから,A が起こったことを条件として B の起こる確率を

$$P(B|A) = \frac{a}{a+b}$$

で示すと,

$$P(B|A) = \frac{a}{a+b} = \frac{\dfrac{a}{n}}{\dfrac{a+b}{n}} = \frac{P(A \cap B)}{P(A)}$$

で表される.

5. ある事象 A がすでに起こったとする.このとき,任意の事象 B の起こる確率は,A が起こったという条件のもとで B の起こる**条件付き確率**といい,

$$P(B|A) = \frac{P(A \cap B)}{P(A)} \tag{2.2}$$

で表される.

6. 2つの事象 A,B が与えられたとき,A が起こったか否かが,B が起こるという確率に影響を与えない場合,すなわち,

42 第2章　確率と確率分布

$$P(A \cap B) = P(A)P(B)$$

のとき，A，B は互いに独立であるという.

7. 2つの事象 A と B が同時に起こる確率は，A の起こる確率と，A が起こったという条件のもとで B の起こる確率との積に等しい．これを確率の乗法定理という．条件付き確率より，

$$P(A \cap B) = P(A)P(B|A) = P(B)P(A|B) \tag{2.3}$$

となる．もし，A と B が互いに独立ならば，$P(A \cap B) = P(A)P(B)$ より

$$P(B|A) = \frac{P(A \cap B)}{P(A)} = \frac{P(A)P(B)}{P(A)} = P(B) \tag{2.4}$$

同様にして，$P(A|B) = P(A)$ となる.

例題 2.1 2個のさいころを同時に3回投げるとき，少なくとも1度はゾロ目の出る確率はいくらか.

[解]　2個のさいころを同時に投げて同じ目の出る事象を A とすると，

$$P(A) = \frac{6}{6 \times 6} = \frac{1}{6}$$

となる．したがって，1回投げて同じ目の出ない事象 $\overline{A}$ の起こる確率は $1 - \frac{1}{6} = \frac{5}{6}$ である．$\overline{A}$ の事象が3回続いて起こる確率は $\left(\frac{5}{6}\right)^3$ となる．これは，3回のうち1度も同じ目の出ない確率であるから，少なくとも1度同じ目の出る確率 P は次のようになる.

$$P = 1 - \left(\frac{5}{6}\right)^3 = 1 - \frac{125}{216} = 0.579$$

例題 2.2 袋の中に白玉3個，赤玉7個が入っている．A，Bの2人のうち，最初にAが1個取り出し，次にBが1個取り出すものとする．このとき，次の確率を求めよ.

(1) A，Bともに白玉を取り出す確率

(2) Bが白玉を取り出す確率

(3) A，Bのうち，少なくとも1人が白玉を取り出す確率

(4) Aが取り出した玉を袋に返してから，Bが1個を取り出すことにしたときの，A，Bともに白玉を取り出す確率

2.1 事象と確率　43

[解]　A，B が袋から白玉を取り出す事象を A，B と表す.

(1) $P(A) = \dfrac{3}{10}$，$P(B|A) = \dfrac{2}{9}$ より，次のようになる.

$$P(A \cap B) = \frac{3}{10} \times \frac{2}{9} = \frac{1}{15}$$

(2) A が白玉を取り出した場合（$A \cap B$）と，赤玉を取り出した場合（$\overline{A} \cap B$）とがある.$A \cap B$ と $\overline{A} \cap B$ とは互いに排反であるから，次のようになる.

$$P(B) = P(A \cap B) + P(\overline{A} \cap B)$$

$$P(\overline{A}) = 1 - P(A) = \frac{7}{10}, \qquad P(B|\overline{A}) = \frac{3}{9}$$

$$P(\overline{A} \cap B) = P(\overline{A})P(B|\overline{A}) = \frac{7}{10} \times \frac{3}{9} = \frac{7}{30}$$

$$P(B) = \frac{1}{15} + \frac{7}{30} = \frac{3}{10}$$

(3) $P(A \cup B) = P(A) + P(B) - P(A \cap B) = \dfrac{3}{10} + \dfrac{3}{10} - \dfrac{1}{15} = \dfrac{8}{15}$

(4) A，B が互いに独立であるから，$P(A) = P(B) = \dfrac{3}{10}$ より，次のようになる.

$$P(A \cap B) = P(A)P(B) = \frac{3}{10} \times \frac{3}{10} = \frac{9}{100}$$

例題 2.3　n 枚からなるくじの中に m 枚の当たりくじがある.最初に引く人と 2 番目に引く人との当たる確率はどの程度違うか.

[解]　最初に引く人を A，2 番目に引く人を B とする.A，B が当たる事象を A，B と表す.

A が当たる確率は　　　　　　　　　$P(A) = \dfrac{m}{n}$

A が外れる確率は　　　　　　　　　$P(\overline{A}) = \dfrac{n-m}{n}$

A が当たって B が当たる確率は　$P(B|A) = \dfrac{m-1}{n-1}$

A が外れて B が当たる確率は　　$P(B|\overline{A}) = \dfrac{m}{n-1}$

したがって，B が当たる確率は

$$P(B) = P(A \cap B) + P(\overline{A} \cap B) = P(A)P(B|A) + P(\overline{A})P(B|\overline{A})$$

$$= \frac{m}{n} \times \frac{m-1}{n-1} + \frac{n-m}{n} \times \frac{m}{n-1} = \frac{m}{n} = P(A)$$

となり，両者はまったく同じ値になることがわかる.

44 第2章 確率と確率分布

2.2 確率変数

2.2.1 確率変数とその分布

1個のさいころを投げるとき，出る目の数は 1，2，3，4，5，6 である．また，3枚の硬貨を投げたとき，表の出る回数は 0，1，2，3 である．これらの一連の値のとる確率は，表 2.1 および表 2.2 のようになる．いま，このような一連の値を X で表すと，この X は，その個々の値 x の出現の仕方に偶然をともなう変数である．

表 2.1 さいころを投げたとき出る目の数とその確率

X の値 x	1	2	3	4	5	6	計
確率 p	$\frac{1}{6}$	$\frac{1}{6}$	$\frac{1}{6}$	$\frac{1}{6}$	$\frac{1}{6}$	$\frac{1}{6}$	1

表 2.2 硬貨を3枚投げたとき表の出る回数とその確率

X の値 x	0	1	2	3	計
確率 p	$\frac{1}{8}$	$\frac{3}{8}$	$\frac{3}{8}$	$\frac{1}{8}$	1

このように，変数 X に対して，その個々のとる値 x と，その値 x が出現する確率 p とが同時に定められるとき，X を確率変数という．また，変数 X が x の値をとる確率を $P(X = x) = p$ と表し，x と p の組合せを確率分布という．

この確率変数 X の値がある値 x までとる確率を $F(x)$ で表し，確率変数 X の分布関数とよぶ．すなわち，分布関数は

$$F(x) = P(X \leq x)$$

なる関係で定められる．

確率変数 X が1個のさいころを投げて出た目を表すとき，その分布関数は表 2.3 のようになる．

確率変数 X がある区間内のすべての値をとらず離れ離れの値をとるとき，たとえばさいころを投げるとき出る目とか，硬貨を投げたときの表の出る回数のようなとき，

表 2.3 さいころを投げたとき出る目の分布関数

X の値 x	1	2	3	4	5	6
$F(x) = P(X \leq x)$	$\frac{1}{6}$	$\frac{2}{6}$	$\frac{3}{6}$	$\frac{4}{6}$	$\frac{5}{6}$	1

この X は**離散的な確率変数**であるという．一方，X がある区間内で連続的に変化した値をとるとき，たとえば身長とか体重のようなとき，X は**連続的な確率変数**であるという．

● 離散的な確率変数の場合

離散的な確率変数の確率分布とその分布関数を，表 2.1 および表 2.3 をもとに図示すると，図 2.3 のようになる．

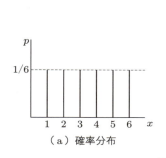
（a）確率分布

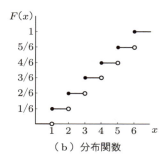
（b）分布関数

図 2.3

一般に，確率変数 X が $x_1, x_2, \ldots, x_n$ の値をとる確率をそれぞれ $p_1, p_2, \ldots, p_n$ とするとき，

$$P(X = x_i) = p_i \quad (i = 1, 2, \ldots, n) \tag{2.5}$$

$$\left(p_i \geq 0, \quad \sum_{i=1}^{n} p_i = 1 \right)$$

で表される．

また，確率変数 X のとる値を $x_1 < x_2 < \cdots < x_n$ とするとき，その分布関数 $F(x)$ は $x_k \leq x < x_{k+1}$ の範囲では，次のように求められる．

$$F(x) = P(X \leq x_k) = p_1 + p_2 + \cdots + p_k = \sum_{i=1}^{k} p_i \tag{2.6}$$

分布関数についての基本的な性質として，

1. $F(-\infty) = 0, \ F(+\infty) = 1$
2. 単調非減少関数である
3. 右連続である

がある．また，さらに

$$P(x_i < X \leq x_j) = P(X \leq x_j) - P(X \leq x_i)$$
$$= F(x_j) - F(x_i) \tag{2.7}$$

なる関係がある．この式を用いれば，分布関数が与えられているとき，確率変数 X がある特定の区間の値をとる確率を求めることができる．

例題 2.4 さいころを 2 個続けて 2 回投げて出た目の和を X とするとき，次の値を求めよ．

(1) $P(X < 5)$　　(2) $P(4 < X \leq 7)$

[解] さいころを 2 個続けて 2 回投げたとき，出る目の和の確率分布は表 2.4 のようになる．表から次のように求められる．

(1) $P(X < 5) = P(X = 2) + P(X = 3) + P(X = 4) = \dfrac{1}{36} + \dfrac{2}{36} + \dfrac{3}{36} = \dfrac{1}{6}$

(2) $P(4 < X \leq 7) = P(X = 5) + P(X = 6) + P(X = 7) = \dfrac{4}{36} + \dfrac{5}{36} + \dfrac{6}{36} = \dfrac{5}{12}$

表 2.4

X の値 x	2	3	4	5	6	7	8	9	10	11	12	計
確率 p	$\dfrac{1}{36}$	$\dfrac{2}{36}$	$\dfrac{3}{36}$	$\dfrac{4}{36}$	$\dfrac{5}{36}$	$\dfrac{6}{36}$	$\dfrac{5}{36}$	$\dfrac{4}{36}$	$\dfrac{3}{36}$	$\dfrac{2}{36}$	$\dfrac{1}{36}$	1

例題 2.5 確率変数 X の確率分布が

$$P(X = -2) = \dfrac{1}{2}, \qquad P(X = 0) = \dfrac{1}{4}, \qquad P(X = 1) = a$$

のとき，次の値を求めよ．

(1) a　　(2) $P(X = -1)$　　(3) $P(-2 \leq X \leq 0)$

[解] (1) 全体の確率の和は 1 であるから，

$$P(X = -2) + P(X = 0) + P(X = 1) = 1$$
$$\dfrac{1}{2} + \dfrac{1}{4} + a = 1 \quad \therefore \ a = 1 - \left(\dfrac{1}{2} + \dfrac{1}{4}\right) = \dfrac{1}{4}$$

となる．

(2) $P(X = -1) = 0$

(3) $P(-2 \leq X \leq 0) = \dfrac{1}{2} + \dfrac{1}{4} = \dfrac{3}{4}$

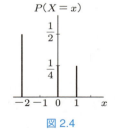

図 2.4

2.2 確率変数 **47**

例題 2.6 確率変数 X の分布関数が

$$F(x) = \begin{cases} 0 & (x < 0) \\ \dfrac{1}{3} & (0 \le x < 2) \\ \dfrac{2}{5} & (2 \le x < 3) \\ 1 & (3 \le x) \end{cases}$$

のとき，次の値を求めよ．

(1) $P(X = 1)$ (2) $P(X = 3)$ (3) $P(0 \le X < 3)$

[解] $P(X = 0) = \dfrac{1}{3}$, $P(X = 2) = \dfrac{2}{5} - \dfrac{1}{3} = \dfrac{1}{15}$, $P(X = 3) = 1 - \dfrac{2}{5} = \dfrac{3}{5}$
であることを使う．

(1) $P(X = 1) = 0$

(2) $P(X = 3) = \dfrac{3}{5}$

(3) $P(0 \le X < 3) = P(X = 0) + P(X = 2) = \dfrac{1}{3} + \dfrac{1}{15} = \dfrac{2}{5}$

◉ 連続的な確率変数の場合

次に，連続的な確率変数の確率分布について考えてみよう．いま，S 市のある年に生まれた 775 人の新生児の中から無作為に 1 人選んで体重を測定したとすると，測定値 X は連続的な確率変数として取り扱われる．たとえば，この新生児の体重 X が 2.9 kg と 3.5 kg との間にあるという確率は，

$$P(2.9 < X \le 3.5) = \int_{2.9}^{3.5} f(x)\, dx = 0.694$$

のようにして求められる．ここで，$f(x)$ は確率密度関数とよばれる．

一般に，確率変数 X が連続的な値をとるとき，任意の a, b $(a < b)$ に対して X が a と b との間にある確率は，確率密度関数を $f(x)$ とすると

$$P(a < X \le b) = \int_a^b f(x)\, dx \tag{2.8}$$

で与えられる．確率密度関数 $f(x)$ は

$$\int_{-\infty}^{\infty} f(x)\, dx = 1, \qquad f(x) \ge 0 \tag{2.9}$$

という性質がある．

連続的な場合の分布関数についても，離散的な場合と同様に表される．すなわち，

$$F(x) = P(X \leq x) = \int_{-\infty}^{x} f(x)\,dx \tag{2.10}$$

という関係が成り立ち，x が $F(x)$ の微分可能な点であれば，

$$\frac{dF(x)}{dx} = f(x) \tag{2.11}$$

が成り立つ．この $F(x)$ の基本的な性質についても，離散的な場合と同様に

1. $F(-\infty) = 0,\ F(+\infty) = 1$
2. 単調非減少関数である
3. 右連続である

が成り立つ．また，

$$P(a < X \leq b) = F(b) - F(a) \tag{2.12}$$

なる関係がある．

例題 2.7 確率変数 X の確率密度関数が

$$f(x) = \begin{cases} \dfrac{1}{2} & (0 \leq x \leq 2) \\ 0 & (その他) \end{cases}$$

で与えられたとき，次を求めよ．

(1) $P(X \leq 1)$ の値　　(2) $P\left(\dfrac{1}{2} < X \leq 1\right)$ の値

(3) 分布関数 $F(x)$ のグラフ

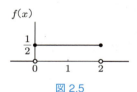

図 2.5

[解]　(1) $P(X \leq 1) = \displaystyle\int_0^1 \dfrac{1}{2}\,dx = \dfrac{1}{2}$

(2) $P\left(\dfrac{1}{2} < X \leq 1\right) = \displaystyle\int_{\frac{1}{2}}^1 \dfrac{1}{2}\,dx = \dfrac{1}{2}\left(1 - \dfrac{1}{2}\right) = \dfrac{1}{4}$

(3) $F(x) = P(X \leq x) = \displaystyle\int_0^x \dfrac{1}{2}\,dx = \begin{cases} 0 & (x < 0) \\ \dfrac{x}{2} & (0 \leq x \leq 2) \\ 1 & (2 < x) \end{cases}$

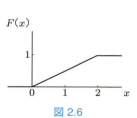

図 2.6

$F(x)$ のグラフは図 2.6 のとおり．

2.2 確率変数 **49**

例題 2.8 確率変数 X の分布関数 $F(x)$ が

$$F(x) = \begin{cases} 0 & (x < 0) \\ 2x - x^2 & (0 \le x < 1) \\ 1 & (1 \le x) \end{cases}$$

のとき，確率密度関数 $f(x)$ を求めよ．

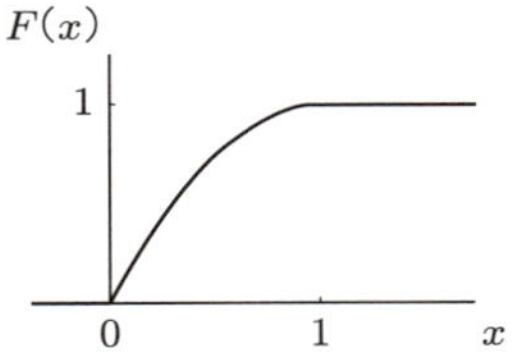

図 2.7

[解] $f(x) = \dfrac{dF(x)}{dx} = 2(1-x) \qquad (0 < x < 1)$

2.2.2 確率変数の平均値と分散

第 1 章でデータに対して考えたのと同様に，確率変数にも期待値や分散が考えられる．

◉ 離散的な確率変数の場合

まず，変数が離散的な場合から始めよう．X をさいころを投げて出た目の数とすると，1 の目が出ると 1 点，2 の目が出ると 2 点，… というように点を与えれば，

$$E(X) = 1 \times \frac{1}{6} + 2 \times \frac{1}{6} + 3 \times \frac{1}{6} + 4 \times \frac{1}{6} + 5 \times \frac{1}{6} + 6 \times \frac{1}{6} = 3.5$$

は，1 回投げて理論的に期待できる平均値の点数ということになる．

一般に，離散的な確率変数 X が $x_1, x_2, \ldots, x_n$ の値をとり，それに対応する確率を $p_1, p_2, \ldots, p_k$ とするとき，

$$x_1 p_1 + x_2 p_2 + \cdots + x_n p_n$$

を確率変数 X の平均値（または期待値）とよび，これを $E(X)$ または μ で表す．

$$\begin{aligned} 平均値 \quad \mu = E(X) &= x_1 p_1 + x_2 p_2 + \cdots + x_n p_n \\ &= \sum_{i=1}^{n} x_i p_i = \sum_{i=1}^{n} x_i P(X = x_i) \end{aligned} \tag{2.13}$$

また，離散的な確率変数 X に対して，その平均値からの偏差の平方の平均を X の分散といい，$V(X)$ または σ^2 で表す．平均値を $E(X) = \mu$ とおくと，次のように表される．

$$分散 \quad \sigma^2 = V(X) = E\big[\{X - E(X)\}^2\big] = \sum_{i=1}^{n} (x_i - \mu)^2 p_i \tag{2.14}$$

50　第2章　確率と確率分布

これを計算するためには，変形して

$$\sigma^2 = E(X^2 - 2\mu X + \mu^2) = E(X^2) - 2\mu E(X) + \mu^2$$

$$= \sum_{i=1}^{n} x_i^2 p_i - \mu^2 = E(X^2) - \left\{E(X)\right\}^2 \tag{2.15}$$

という形にすると便利である．

例題 2.9 確率変数 X の確率分布が表 2.5 のようになっているとき，X の平均値 $E(X)$ と分散 $V(X)$ を求めよ．

表 2.5

X の値 x	0	1	2	3	4
確率 p	$\dfrac{1}{9}$	$\dfrac{2}{9}$	$\dfrac{3}{9}$	$\dfrac{2}{9}$	$\dfrac{1}{9}$

[解]　$E(X) = 0 \times \dfrac{1}{9} + 1 \times \dfrac{2}{9} + 2 \times \dfrac{3}{9} + 3 \times \dfrac{2}{9} + 4 \times \dfrac{1}{9} = 2$

　　$V(X) = 0^2 \times \dfrac{1}{9} + 1^2 \times \dfrac{2}{9} + 2^2 \times \dfrac{3}{9} + 3^2 \times \dfrac{2}{9} + 4^2 \times \dfrac{1}{9} - 2^2 = \dfrac{4}{3}$

◉ **連続的な確率変数の場合**

次に，連続的な場合を考えよう．形式的には，総和 $\sum$ を積分 $\int dx$ に，確率 p_i を確率密度関数 $f(x)$ にすればよい．

連続的な確率変数 X が (a, b) の区間で定義されているとし，その確率密度関数を $f(x)$ とする．このとき，X の平均値 $E(X)$ および分散 $V(X)$ は次のように定義される．

平均値　$E(X) = \mu = \displaystyle\int_a^b x f(x)\, dx \tag{2.16}$

分散　　$V(X) = \sigma^2 = E\left[\left\{X - E(X)\right\}^2\right] = \displaystyle\int_a^b (x - \mu)^2 f(x)\, dx$

　　　　　$= E(X^2) - \left\{E(X)\right\}^2 = \displaystyle\int_a^b x^2 f(x)\, dx - \mu^2 \tag{2.17}$

例題 2.10 確率変数 X の確率密度関数 $f(x)$ が

$$f(x) = 2x \qquad (0 < x < 1)$$

で与えられているとき，X の平均値 $E(X)$ と分散 $V(X)$ を求めよ．

[解]
$$E(X) = \mu = \int_0^1 x \cdot 2x\, dx = \left[\frac{2}{3}\, x^3\right]_0^1 = \frac{2}{3}$$

$$E(X^2) = \int_0^1 x^2 \cdot 2x\, dx = \left[\frac{2}{4}\, x^4\right]_0^1 = \frac{1}{2}$$

$$V(X) = E(X^2) - \{E(X)\}^2 = \frac{1}{2} - \left(\frac{2}{3}\right)^2 = \frac{1}{18}$$

2つの確率変数 X，Y の平均値および分散について，次のような性質がある．ここで，a，b は定数とする．

$$E(X + a) = E(X) + a, \qquad V(X + b) = V(X)$$
$$E(aX) = aE(X), \qquad\qquad V(aX) = a^2 V(X)$$

これより，

$$E(aX + b) = aE(X) + b, \qquad V(aX + b) = a^2 V(X)$$
$$E(aX + bY) = aE(X) + bE(Y)$$

となる．X，Y が独立のとき，

$$E(X \cdot Y) = E(X) \cdot E(Y), \qquad V(X + Y) = V(X) + V(Y)$$

が成り立つ．

2.2.3 離散的な確率分布

(1) 2項分布

ある事象 A が 1 回の試行で起こる確率を p とし，起こらない確率を $q = 1 - p$ で表すことにする．この試行を独立に n 回試みたとき，事象 A が x 回起こる確率は，次の式で表される．

$$P(X = x) = {}_n\mathrm{C}_x\, p^x q^{n-x} \qquad (x = 0, 1, 2, \ldots, n) \tag{2.18}$$

この確率分布を 2 項分布といい，$B(n, p)$ と書く．この 2 項という呼び名は，次の 2 項定理による展開式

$$(q + p)^n = q^n + {}_n\mathrm{C}_1\, pq^{n-1} + {}_n\mathrm{C}_2\, p^2 q^{n-2} + \cdots$$
$$+ {}_n\mathrm{C}_x\, p^x q^{n-x} + \cdots + p^n \tag{2.19}$$

の一般項と関連している．

この 2 項分布は，事象 A の起こる確率をたとえば $p = 0.1$ のように一定にした場合，試行回数を $n = 5, 10, 50, 100$ のように大きくしていくと，図 2.8 に示すように，左右対称な分布 (2.2.4 項 (3) で述べる正規分布) に近づくことがわかる．また，試行回数 $n = 16$ を一定にして，p の変化と分布の形との関係を表すと，図 2.9 のようになる．$p = q = 0.5$ のときは分布は左右対称になるが，p と q の差が大きくなるほど左右の非対称性が大きくなることがわかる．

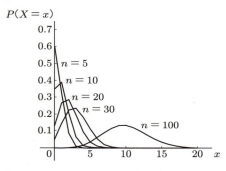
図 2.8　$p = 0.1$，$q = 0.9$（一定）のときの 2 項分布

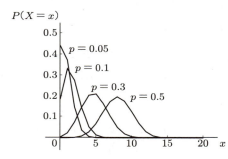
図 2.9　$n = 16$（一定）のときの 2 項分布

2 項分布は，ある事柄が起こる確率が一定とみなされるような問題に対して常に適用でき，その利用範囲も大変広い分布である．

2 項分布の平均値と分散は次のようになる．

$$\text{平均値}\quad E(X) = np \tag{2.20}$$
$$\text{分散}\quad V(X) = np(1-p) \tag{2.21}$$

2 項分布の分布関数 $F(x)$ は，

$$\begin{aligned} F(x) = P(X \leq x) &= P(X=0) + P(X=1) + \cdots + P(X=x) \\ &= q^n + {}_nC_1 pq^{n-1} + {}_nC_2 p^2 q^{n-2} + \cdots + {}_nC_x p^x q^{n-x} \end{aligned} \tag{2.22}$$

として求められる（ただし，$q = 1 - p$）．

例題 2.11 袋の中に赤玉が 4 個，白玉が 1 個入っている．この袋の中から 1 個を取り出して玉の色を確かめて，玉を元の袋に戻すことを繰り返し 5 回行ったとする．赤玉が 4 回以上出る確率を求めよ．

[解] 1回の試行で赤玉の出る確率を p とすると，$p = \dfrac{4}{5}$ で，白玉の出る確率は $q = \dfrac{1}{5}$ である．5回のうち赤玉が4回以上出るから，その確率は次のようになる．

$$P(X \geq 4) = {}_5C_4 \left(\frac{4}{5}\right)^4 \left(\frac{1}{5}\right) + {}_5C_5 \left(\frac{4}{5}\right)^5$$
$$= 5 \times 0.8^4 \times 0.2 + 0.8^5 = 0.73728$$

(2) ポアソン分布

2項分布

$$P(X = x) = {}_nC_x\, p^x q^{n-x} \qquad (x = 0, 1, 2, \ldots, n)$$

において，とくに p の値が十分小さく，n が十分大きくて，その平均値 np がおおよそ一定の値 λ をとるようなとき，近似式として

$$P(X = x) = \frac{\lambda^x}{x!} e^{-\lambda} \qquad (x = 0, 1, 2, \ldots) \tag{2.23}$$

が利用できる．この確率分布を**ポアソン分布**という．

ポアソン分布はただ1つの定数 λ で決まる．いま，$\lambda = 1, 2, 3, 5$ の場合の分布の形をみると，図 2.10 のように，λ の値が大きくなるにつれて対称な形に近づくことがわかる．

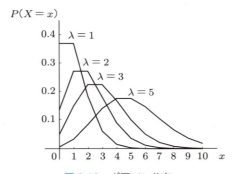

図 2.10 ポアソン分布

ポアソン分布は，2項分布において p が非常に小さい稀な現象にみられることが特徴である．たとえば，一定期間中における火災の発生件数とか，交通事故者数の分布，あるいは単位あたりの欠点数の分布など，その応用範囲も2項分布の次に広い分布と

54 第 2 章 確率と確率分布

いえる.

ポアソン分布の平均値および分散は次のようになる.

$$平均値 \quad E(X) = \lambda \tag{2.24}$$

$$分散 \quad\quad V(X) = \lambda \tag{2.25}$$

すなわち,ポアソン分布の平均値と分散は等しく λ となる.

ポアソン分布が現れる例を 1 つ示そう.長時間 s の間に電話をかける人の延べ総数を n 人としよう.つまり,n 人が s 時間内に 1 回だけ電話をかけるものとする.このとき,どの人もこの s 時間のある特定の t 時間内に電話をかける確率は $\dfrac{t}{s}$ である.したがって,n 人のうち k 人が,ある特定の t 時間内に電話をかける確率は,2 項分布より

$$P(X = k) = {}_nC_k \left(\frac{t}{s}\right)^k \left(1 - \frac{t}{s}\right)^{n-k}$$

となる.いま,s も n も非常に大きな数で $\dfrac{s}{n} = m$ が一定の値であるとすると,t がまた一定であるから,$\lambda = \dfrac{t}{m}$ は一定の値である.ここで,

$$\frac{t}{s} = \frac{t}{nm} = \frac{\lambda}{n}$$

であるから,確率 $P(X = k)$ は

$$P(X = k) = {}_nC_k \left(\frac{\lambda}{n}\right)^k \left(1 - \frac{\lambda}{n}\right)^{n-k}$$

となる.この分布は,$n \to \infty$ とすればポアソン分布 $\dfrac{\lambda^k}{k!} e^{-\lambda}$ に非常に近くなる.すなわち,人数 n も時間 s も非常に大きな数で,λ が一定の値であるときには,ある特定の t 時間内に電話のかかる件数の分布関数は,ポアソン分布に非常に近い分布関数である.

例題 2.12 ある工場で生産されている製品の不良率は 0.2% であるという.この製品から 100 個を無作為に取り出したとき,少なくとも 2 個の不良品が含まれる確率をポアソン分布により求めよ.ただし,$e^{-0.2} = 0.8187$ とする.

[解] $n = 100$, $P = 0.002$ より，平均値は $\lambda = np = 100 \times 0.002 = 0.2$ となる．ポアソン分布において，$\lambda = 0.2$, $X \geq 2$ の値を求める．

$$P(X \geq 2) = 1 - \{P(X = 0) + P(X = 1)\}$$

なので，

$$P(X = 0) = \frac{0.2^0}{0!} e^{-0.2} = 0.8187$$

$$P(X = 1) = \frac{0.2^1}{1!} e^{-0.2} = 0.1637$$

$$P(X \geq 2) = 1 - (0.8187 + 0.1637) = 1 - 0.9824 = 0.0176$$

となる．ゆえに，求める確率は，$0.0176 = 1.76\%$ となる．

2.2.4 連続的な確率分布

(1) 一様分布

確率変数 X の確率密度関数 $f(x)$ が

$$f(x) = \begin{cases} \dfrac{1}{b-a} & (a \leq x \leq b) \\ 0 & (その他) \end{cases} \tag{2.26}$$

で表されるとき，この確率分布を**一様分布**という．

変数 X がある変域内で一様に分布している場合で，図 2.11 のように矩形（長方形）の形をした分布である．

一様分布の平均値と分散は次のようになる．

$$平均値 \quad E(X) = \frac{a+b}{2} \tag{2.27}$$

$$分散 \quad V(X) = \frac{(b-a)^2}{12} \tag{2.28}$$

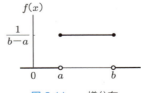

図 2.11 一様分布

例題 2.13 確率変数 X の確率密度関数が

$$f(x) = \begin{cases} \dfrac{1}{10} & (0 \leq x \leq 10) \\ 0 & (その他) \end{cases}$$

で与えられるとき，X の平均値 $E(X)$ と分散 $V(X)$ を求めよ.

[解] 直接計算すると，次のようになる.

$$E(X) = \int_0^{10} x \, \frac{1}{10} \, dx = \left[\frac{1}{20} x^2 \right]_0^{10} = 5$$

$$E(X^2) = \int_0^{10} x^2 \, \frac{1}{10} \, dx = \left[\frac{1}{30} x^3 \right]_0^{10} = \frac{100}{3}$$

$$V(X) = E(X^2) - \left[E(X) \right]^2 = \frac{100}{3} - 5^2 = \frac{25}{3}$$

(2) 指数分布

確率変数 X の確率密度関数 $f(x)$ が

$$f(x) = \begin{cases} \lambda e^{-\lambda x} & (x \geq 0) \\ 0 & (その他) \end{cases} \tag{2.29}$$

で表されるとき，この確率分布を指数分布（ここで $\lambda > 0$）という．分布の形は図 2.12 のようになる．

指数分布の平均値と分散は次のようになる．

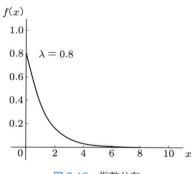

図 2.12 指数分布

$$平均値 \quad E(X) = \frac{1}{\lambda} \tag{2.30}$$

$$分散 \quad V(X) = \frac{1}{\lambda^2} \tag{2.31}$$

指数分布は，ポアソン分布と密接に関係のある分布である．たとえば，ある事象の発生回数が平均（単位時間または単位長さあたり）λ のポアソン分布に従うとき，その事象と事象の間の発生間隔（時間または長さ）は，平均 $m = \frac{1}{\lambda}$ の指数分布に従って分布することが知られている．

指数分布は，待ち行列の問題や信頼性の解析に用いられる重要な分布である．

例題 2.14 ある商店の来客数は，1 時間あたり平均 30 人のポアソン分布に従っているとする．客の平均到着間隔を求め，10 分間に 1 人も客がこない確率を計算せよ．

[解] 客が 1 時間に平均 30 人くるとき，1 分間あたりの平均来客数は $\lambda = \dfrac{30}{60} = \dfrac{1}{2}$［人］となる．したがって，客の平均到着間隔は 2 分となる．客が 10 分間に 1 人もこない確率は，客の到着間隔が 10 分より長くなる確率であるから，次のようになる．

$$\begin{aligned}
P(X > 10) &= 1 - P(X \le 10) \\
&= 1 - \int_0^{10} \frac{1}{2} e^{-\frac{x}{2}} \, dx \\
&= 1 - \left[-e^{-\frac{x}{2}} \right]_0^{10} = 1 - (1 - e^{-5}) = e^{-5} = 0.00674
\end{aligned}$$

(3) 正規分布

確率分布の中で，理論上も実用上も，もっとも重要なものが正規分布である．

確率変数 X の確率密度関数 $f(x)$ が

$$f(x) = \frac{1}{\sqrt{2\pi}\,\sigma} e^{-\frac{(x-\mu)^2}{2\sigma^2}} \qquad (-\infty < x < \infty) \tag{2.32}$$

という形で表されるとき，この確率分布を正規分布という．正規分布の平均と分散は

$$平均値 \quad E(X) = \mu$$
$$分散 \quad V(X) = \sigma^2$$

で，この 2 つが与えられれば分布の形が定まるので，これを $N(\mu, \sigma^2)$ と略記する．

正規分布は，図 2.13 に示すように，平均値 μ を中心とした左右対称な釣り鐘状の形をしていて，$x = \mu \pm 3\sigma$ ではほとんど x 軸に接するようになる．

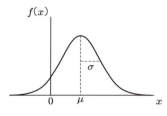

図 2.13　正規分布 $N(\mu, \sigma^2)$

確率変数 X が正規分布 $N(\mu, \sigma^2)$ に従うとき，図 2.14 のように

$$Z = \frac{X - \mu}{\sigma} \tag{2.33}$$

の変換を行うと，

$$f(z) = \frac{1}{\sqrt{2\pi}} e^{-\frac{z^2}{2}} \quad (-\infty < z < \infty) \tag{2.34}$$

のように簡単な形になる．この変換を一般に標準化する（または規準化する）という．例題 2.15 でみるように，この標準化された変数 Z は平均値 0，分散 1 の正規分布に従う．この分布を標準正規分布といい，$N(0, 1^2)$ で表す．

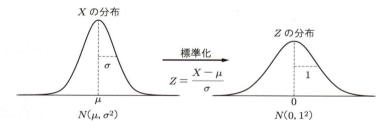

図 2.14　標準化

例題 2.15 標準正規分布の平均値 $E(Z)$ と分散 $V(Z)$ を導け．

[解]　$Z = \dfrac{X - \mu}{\sigma}$ より，次のように求められる．

$$E(Z) = E\left(\frac{X - \mu}{\sigma}\right) = \frac{E(X - \mu)}{\sigma} = \frac{E(X) - \mu}{\sigma} = 0$$

$$V(Z) = E(Z^2) - \{E(Z)\}^2 = E\left[\left(\frac{X - \mu}{\sigma}\right)^2\right] = \frac{E(X - \mu)^2}{\sigma^2} = 1$$

● 正規分布表

Z が標準正規分布に従うとき，確率密度関数 $f(z)$ は，式 (2.34) のとおり

$$f(z) = \frac{1}{\sqrt{2\pi}} e^{-\frac{z^2}{2}} \quad (-\infty < z < \infty)$$

となる．

$$P(0 < Z \leq x) = \int_0^x \frac{1}{\sqrt{2\pi}} e^{-\frac{z^2}{2}} dz = p \tag{2.35}$$

とおき（図 2.15 参照），x のいろいろな値に対する確率 p の値が計算され数表として求められている．これを **正規分布表** といい，巻末の付表 1 に示してある．

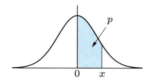

図 2.15　$N(0, 1^2)$ の分布

表 2.6 にその一部を示す．たとえば，

$x = 1.64$ のときは，表より $p = 0.4495$ である．
$x = 1.96$ のときは，表より $p = 0.4750$ である．
$x = 2.58$ のときは，表より $p = 0.4951$ である．

標準正規分布は原点 0 に関して左右対称である．すなわち，

$$P(Z \geq x) = P(Z \leq -x) = 1 - P(Z \leq x)$$

表 2.6　正規分布表（一部）

x	0.00	⋯	0.04	⋯	0.06	⋯	0.08	0.09
⋮	⋮		⋮		⋮		⋮	⋮
1.6	0.4452	⋯	0.4495	⋯	0.4515	⋯	0.4535	0.4545
⋮	⋮		⋮		⋮		⋮	⋮
1.9	0.4713	⋯	0.4738	⋯	0.4750	⋯	0.4761	0.4767
⋮	⋮		⋮		⋮		⋮	⋮
2.5	0.4938	⋯	0.4945	⋯	0.4948	⋯	0.4951	0.4952
⋮	⋮		⋮		⋮		⋮	⋮

60 第 2 章 確率と確率分布

$$P(|Z| \geq x) = P(Z \geq x) + P(Z \leq -x) = 2P(Z \geq x)$$

なる関係がある．したがって，正規分布表には x が正の値をとる場合のみ記されているが，負の値をとる場合に関しては，この式から簡単に確率の値を求めることができる．たとえば，次のようになる．

$$P(-2.54 \leq Z \leq 0) = P(0 \leq Z \leq 2.54) = 0.4945$$

また，正規分布表は $0 \leq Z \leq x$ である確率を求めるようになっている．したがって，$x \leq Z$ または $Z \leq x$ となる確率は次のようにして求める．

$$P(1.64 < Z) = 0.5 - P(0 < Z \leq 1.64) = 0.5 - 0.4495 = 0.0505$$

$$P(Z \leq -2.5) = P(2.5 < Z) = 0.5 - P(0 < Z \leq 2.5)$$
$$= 0.5 - 0.4938 = 0.0062$$

$$P(Z \leq 1.96) = 0.5 + P(0 < Z \leq 1.96) = 0.5 + 0.4750 = 0.9750$$

さて，X が正規分布 $N(\mu, \sigma^2)$ に従うとき，

$$P(a < X \leq b) = \int_a^b \frac{1}{\sqrt{2\pi}\,\sigma} e^{-\frac{(x-\mu)^2}{2\sigma^2}} \, dx \tag{2.36}$$

の値を求めるには，X を図 2.14 のように標準化し，

$$Z = \frac{X - \mu}{\sigma}$$

とすればよい．すると，

$$P(a < X \leq b) = \int_{\frac{a-\mu}{\sigma}}^{\frac{b-\mu}{\sigma}} \frac{1}{\sqrt{2\pi}} e^{-\frac{z^2}{2}} \, dz$$

$$= P\left(\frac{a-\mu}{\sigma} < Z \leq \frac{b-\mu}{\sigma} \right) \tag{2.37}$$

となるので，正規分布表を用いてこの値を求めることができる．

例題 2.16 確率変数 X が正規分布 $N(\mu, \sigma^2)$ に従うとき，次の値を求めよ．

(1) $P(\mu - \sigma < X \leq \mu + \sigma)$ (2) $P(\mu - 2\sigma < X \leq \mu + 2\sigma)$

(3) $P(\mu - 3\sigma < X \leq \mu + 3\sigma)$

[解] X を $Z = \dfrac{X - \mu}{\sigma}$ とおき，巻末の正規分布表を用いて確率を求める．

(1) $P(\mu - \sigma < X \leq \mu + \sigma) = P\left(\dfrac{(\mu - \sigma) - \mu}{\sigma} < \dfrac{X - \mu}{\sigma} \leq \dfrac{(\mu + \sigma) - \mu}{\sigma}\right)$

$\phantom{(1) P(\mu - \sigma < X \leq \mu + \sigma)} = P\left(-1 < \dfrac{X - \mu}{\sigma} \leq 1\right)$

$\phantom{(1) P(\mu - \sigma < X \leq \mu + \sigma)} = 2P(0 < Z \leq 1)$

$\phantom{(1) P(\mu - \sigma < X \leq \mu + \sigma)} = 2 \times 0.3413 = 0.6826$

同様にして (2), (3) を求めると，次のようになる．

(2) $P(\mu - 2\sigma < X \leq \mu + 2\sigma) = 2P(0 < Z \leq 2) = 2 \times 0.4772 = 0.9544$

(3) $P(\mu - 3\sigma < X \leq \mu + 3\sigma) = 2P(0 < Z \leq 3) = 2 \times 0.4987 = 0.9974$

まとめると，図 2.16 のようになる．

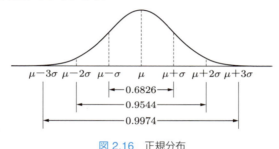

図 2.16　正規分布

例題 2.17 X が正規分布 $N(35, 7^2)$ に従うとき，次の値を求めよ．

(1) $P(X \leq 24.5)$　　(2) $P(21.0 < X \leq 52.5)$

[解]　X を $Z = \dfrac{X - 35}{7}$ とおくと，Z は $N(0, 1^2)$ に従うから，正規分布表を用いて確率を求めることができる．

(1) $P(X \leq 24.5) = P\left(\dfrac{X - 35}{7} \leq \dfrac{24.5 - 35}{7}\right)$

$ = P(Z \leq -1.5) = 0.5 - P(0 < Z \leq 1.5)$

$ = 0.5 - 0.4332 = 0.0668$

(2) $P(21.0 < X \leq 52.5) = P\left(\dfrac{21.0 - 35}{7} < \dfrac{X - 35}{7} \leq \dfrac{52.5 - 35}{7}\right)$

$\phantom{(2) P(21.0 < X \leq 52.5)} = P(-2 < Z \leq 2.5)$

$\phantom{(2) P(21.0 < X \leq 52.5)} = P(-2 < Z \leq 0) + P(0 < Z \leq 2.5)$

$\phantom{(2) P(21.0 < X \leq 52.5)} = 0.4772 + 0.4938 = 0.9710$

62 第2章 確率と確率分布

例題 2.18 ある学科の学生 250 人の試験の結果，平均点 60 点，標準偏差 10 点であった．優となる学生は，上位 20% である．何点以上が優と考えられるか．ただし，試験の点数は正規分布に従うとする．

[解] 点数を X とする．X は正規分布 $N(60, 10^2)$ に従うとみなせるから，$Z = \dfrac{X - 60}{10}$ とおくと，Z は $N(0, 1^2)$ に従う．したがって，上位 20% にあたる点数を a とすると，

$$P(a < X) = P\left(\frac{a - 60}{10} < \frac{X - 60}{10}\right) = P\left(\frac{a - 60}{10} < Z\right) = 0.2$$

となるので，$P\left(0 < Z \leq \dfrac{a - 60}{10}\right) = 0.5 - 0.2 = 0.3$ となる a の値は，正規分布表より

$$\frac{a - 60}{10} = 0.84 \qquad \therefore \quad a = 68.4$$

となる．よって，69 点以上が優と考えられる．

演習問題

2.1 1 から 10 までの番号のついたカードがある．この中から無作為に引いた 2 枚のカードの番号が 1 と 2 である確率を求めよ．

2.2 ある問題を A が正解する確率は $\dfrac{1}{4}$，B が正解する確率は $\dfrac{2}{3}$ であるとき，次の確率を求めよ．

(1) この問題を A，B ともに正解する確率

(2) A，B のうち，少なくともどちらか 1 人が正解する確率

2.3 袋の中に 20 個の球が入っていて，その中の 4 個は赤球である．いま，この中から，球を 1 個ずつ次々に取り出していったとき，ちょうど 10 回目に 4 個目の赤球を取り出す確率を求めよ．

2.4 X の確率分布が

$$P(X = 0) = 0.453, \qquad P(X = 1) = 0.383$$
$$P(X = 2) = 0.129, \qquad P(X = 3) = 0.035$$

で与えられるとき，次を求めよ．

(1) $P(1 \leq X < 3)$ の値　　(2) $P(X < 2)$ の値

(3) 分布関数 $F(x)$ のグラフ

2.5 X の確率密度関数 $f(x)$ が以下で与えられるとする．

$$f(x) = \begin{cases} \dfrac{3}{2}(1 - 4x^2) & \left(-\dfrac{1}{2} < x < \dfrac{1}{2}\right) \\ 0 & \text{（その他）} \end{cases}$$

(1) 分布関数 $F(x)$ を求めよ.　　(2) $P\left(|X| \leq \dfrac{1}{4}\right)$ の値を求めよ.

2.6 2項分布の平均値 $E(X)$ と分散 $V(X)$ を導け.

2.7 さいころを5回投げたとき,次の確率を求めよ.

(1) 1の目が2回出る確率　　(2) 1の目が出る回数が2回以下の確率

2.8 ポアソン分布の平均値 $E(X)$ と分散 $V(X)$ を導け.

2.9 不良率 0.5% の製品がある.この製品から 100 個取り出したとき,不良品が2個以下となる確率を求めよ.ここで,$e^{-0.5} = 0.6065$ とする.

2.10 1日の作業において事故の起こる確率が 0.002 であるとき,100 日の作業中に5回事故の起こる確率はいくらか.ここで,$e^{-0.2} = 0.8187$ とする.

2.11 一様分布の平均値 $E(X)$ と分散 $V(X)$ を導け.

2.12 X が $[2, 5]$ の上で一様分布するとき,$P(3 < X \leq 4)$ の値を求めよ.

2.13 X の確率密度関数が

$$f(x) = \begin{cases} \dfrac{1}{2a} & (-a < x < a) \\ 0 & (その他) \end{cases}$$

によって与えられるとき,平均値と分散を求めよ.

2.14 指数分布の平均値 $E(X)$ と分散 $V(X)$ を導け.

2.15 ある病院で外来患者が待たされる時間 X は,平均 30 分の指数分布に従っているという.20 分以上待たされる確率はどれほどか.ここで,$e^{-\frac{2}{3}} = 0.5134$ とする.

2.16 X が正規分布 $N(50, 10^2)$ に従うとき,$P(35 < X \leq 75)$ の値を求めよ.

2.17 X が正規分布 $N(0, 1^2)$ に従うとき,$P(X \leq x) = 0.4928$ を満たす x の値を求めよ.

2.18 ある大学の募集定員が 300 人のところに,2000 人が受験した.受験生の得点 X は正規分布 $N(320, 75^2)$ に従うものとすれば,合格するには少なくとも何点以上をとらなければならないか.

第 3 章

標本分布

3.1 母集団と標本

　学校で生徒のある特性（たとえば学力など）を調べようとする場合，生徒数が少なければ，生徒全体を調査の対象として調べることができる．一方，数が多いときは，その中から一部の生徒を抽出してその特性を調査し，得られた結果をもとに，生徒全体の特性を推測するという方法がよくとられる．前者を全数調査といい，後者を標本調査という．本章以降では，標本調査をあつかう．

　標本調査で得られた観測値 $x_1, x_2, \ldots, x_n$ は，生徒全体のような，特性を共有する多くのものの集まりから抽出されたと考えられる．このとき，調査の対象となる全体の集まりを母集団といい，その個々の値を単位という．

　標本調査のために実際に母集団の特性を測定して得られた n 個の値 $x_1, x_2, \ldots, x_n$ に対応する確率変数 $X_1, X_2, \ldots, X_n$ を，この母集団から抽出した標本といい，$x_1, x_2, \ldots, x_n$ をこの標本の実現値（または標本値）という．また，標本値 $(x_1, x_2, \ldots, x_n)$ の全体の集まりを標本空間という．

　母集団および標本の構成単位の個数を，それぞれ母集団の大きさ，標本の大きさという．とくに，母集団の構成単位の個数が有限である母集団を有限母集団といい，母集団の構成単位が無限個からなると考えられる場合を無限母集団という．たとえば，ある学校の生徒を対象にする場合，母集団は有限母集団であり，ある製品が同一条件のもとで繰り返し生産されている場合，その製品の母集団は無限母集団であると考える．

　母集団から大きさ n の標本を抽出するとき，一度抽出した単位を元に戻してから再び抽出を繰り返し行うか，元に戻さずに抽出を行うかによって，復元抽出と非復元抽出の 2 つがある．

　母集団の単位は，たとえば学力というようなある特性をもっており，一般にこの特性 X は一定の確率分布（たとえば正規分布など）に従っていると考えられる．この分

布を母集団分布という．このような母集団から n 個の標本 $X_1, X_2, \ldots, X_n$ を抽出するとき，

1. これらの標本 $X_1, X_2, \ldots, X_n$ は互いに独立で，
2. しかも $X_1, X_2, \ldots, X_n$ がすべて母集団分布と同じ分布に従う

ならば，この確率変数の組 $(X_1, X_2, \ldots, X_n)$ を無作為標本（または任意標本）という．今後，とくに断らない限り，標本といえば無作為標本を意味する．

母集団の特性 X が正規分布に従うときは，その母集団を正規母集団といい，2 項分布に従うときは，2 項母集団という．平均値や分散といった，母集団に関する性質を母数といい，母平均，母分散，母比率，母相関係数などがある．

母集団の一部である標本 $X_1, X_2, \ldots, X_n$ についても同様に考えることができる．平均値や分散など，観察された標本の関数として計算されたものを統計量という．すなわち，統計量は標本の性質を表す数値で，母数に対応して，標本平均，標本分散，標本比率，標本相関係数などがある．

統計量は標本から導かれる関数であるから，当然確率変数である．したがって，統計量にもその確率分布が考えられる．この確率分布を，その統計量の標本分布という．

標本分布は統計学でもっとも重要な役割をもっている．本章では，母集団から抽出された標本から作られるいくつかの重要な分布，標本平均 $\overline{X}$ の分布，標本比率の分布，χ^2 分布，t 分布，F 分布，相関係数の標本分布について簡単に述べることにする．

3.2 標本平均 $\overline{X}$ の分布

いま，平均値 μ，分散 σ^2 である母集団を考えよう．この母集団より大きさ n の標本 $X_1, X_2, \ldots, X_n$ を何組かとって，その標本平均

$$\overline{X} = \frac{X_1 + X_2 + \cdots + X_n}{n}$$

を求めると，$\overline{X}$ も確率変数である．この $\overline{X}$ が従う分布について，次のようなことが知られている．

1. 母集団が正規分布である場合

母平均 μ，母分散 σ^2 の正規母集団から，大きさ n の標本を抽出するときの標本平均 $\overline{X}$ は，平均値 μ，分散 $\dfrac{\sigma^2}{n}$ の正規分布に従う．したがって，$\dfrac{\overline{X} - \mu}{\sigma/\sqrt{n}}$ は標

66 第 3 章 標本分布

準正規分布 $N(0, 1^2)$ に従う.

2. 母集団の分布が必ずしも正規分布でない場合

以下の定理が成り立つ.

中心極限定理 母平均 μ, 母分散 σ^2 の, 正規分布に従っていない母集団から抽出された大きさ n の標本の標本平均を $\overline{X}$ とすると, この $\overline{X}$ の分布は, n が十分大きくなるとしだいに平均値 μ, 分散 $\dfrac{\sigma^2}{n}$ の正規分布に近づく.

さらに中心極限定理から, 標準化した確率変数 $\dfrac{\overline{X} - \mu}{\sigma/\sqrt{n}}$ は, n が十分大きいとき標準正規分布 $N(0, 1^2)$ に従う.

例題 3.1 母平均 μ, 母分散 σ^2 の母集団から抽出された大きさ n の標本から作られる標本平均 $\overline{X}$ の平均値は μ, 分散は $\dfrac{\sigma^2}{n}$ となることを示せ.

- -

[解] 標本平均を $\overline{X}$ とすると,

$$\overline{X} = \frac{X_1 + X_2 + \cdots + X_n}{n}$$

$$E(\overline{X}) = E\left(\frac{X_1 + X_2 + \cdots + X_n}{n}\right)$$

$$= \frac{1}{n} E(X_1 + X_2 + \cdots + X_n)$$

$$= \frac{1}{n} \{E(X_1) + E(X_2) + \cdots + E(X_n)\}$$

となり, ここで, $E(X_i) = \mu$ より,

$$E(\overline{X}) = \frac{1}{n}(\mu + \mu + \cdots + \mu) = \mu$$

となる. 分散は,

$$V(\overline{X}) = V\left(\frac{X_1 + X_2 + \cdots + X_n}{n}\right)$$

$$= \frac{1}{n^2} V(X_1 + X_2 + \cdots + X_n)$$

$$= \frac{1}{n^2} \{V(X_1) + V(X_2) + \cdots + V(X_n)\}$$

となり, ここで, $V(X_i) = \sigma^2$ より,

$$V(\overline{X}) = \frac{1}{n^2}(\sigma^2 + \sigma^2 + \cdots + \sigma^2) = \frac{\sigma^2}{n}$$

となる.

標本 X と標本平均 $\overline{X}$ の分布の関係は図 3.1 のようになる.

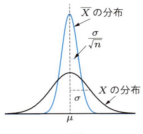

図 3.1　$\overline{X}$ の分布

中心極限定理の重要性は, 母集団の分布が必ずしも正規分布でなくても, 標本数が大きければ標本平均は正規分布に従うということである. もちろん, n が小さければ成立しないが, 母集団の分布が連続型, 離散型のいずれをも問わず, 山が 1 つで左右対称ならば $n \geq 30$ くらいより, また左右対称でなくいずれかに歪んでいるような場合でも, $n \geq 50$ くらいならば, 適用しても差し支えないといわれている.

注　平均値 μ, 分散 σ^2 の母集団から抽出した大きさ n の標本平均 $\overline{X}$ と平均値 μ の差が, 任意に与えられた正の数 ε より小さい確率は

$$P(|\overline{X} - \mu| \leq \varepsilon) \geq 1 - \frac{\sigma^2}{n\varepsilon^2}$$

で与えられる. これはチェビシェフの不等式として知られている.

ここで, n を十分に大きくすると, ε がどんなに小さくても, すなわち $\overline{X}$ と μ の差がどんなに小さくても, その確率は 1 に近づく. このことは, $\overline{X}$ は n を大きくすることで μ に限りなく近づくことを示している. この結果は大数の法則とよばれるもので, さらに精密化したものが中心極限定理である.

3.3　標本比率の分布

母集団が互いに排反な 2 つの事象 A と $\overline{A}$ から構成されていて, 事象 A の割合が p であるとする. この p を母比率という. この母集団から大きさ n の標本 $Y_1, Y_2, \ldots, Y_n$ を抽出し, 事象 A であるならば $Y_i = 1$, そうでなければ $Y_i = 0$ とする. n 個の標本

68 第 3 章 標本分布

の中に事象 A になるものが X 個ある，すなわち $Y_1 + Y_2 + \cdots + Y_n = X$ であれば，この X は 2 項分布 $B(n, p)$ に従う．このような母集団を **2 項母集団**という．このとき，この X の n に対する比率 $\dfrac{X}{n}$ は，事象 A の標本比率であり，$Y_1, Y_2, \ldots, Y_n$ の標本平均である．

$$\text{標本平均} \quad \overline{Y} = \frac{Y_1 + Y_2 + \cdots + Y_n}{n} = \frac{X}{n} = \text{標本比率}$$

標本の大きさ n が小さいときには，直接 2 項分布を用いなければならないが，n が大きいときには，中心極限定理より X は平均値 np，分散 $np(1 - p)$ の正規分布に従う．

また，n 個の独立な標本から計算される標本比率 $\dfrac{X}{n}$ の分布の平均値と分散は，

$$\text{平均値} \quad E\left(\frac{X}{n}\right) = \frac{E(X)}{n} = \frac{np}{n} = p$$

$$\text{分散} \quad V\left(\frac{X}{n}\right) = \frac{V(X)}{n^2} = \frac{np(1 - p)}{n^2} = \frac{p(1 - p)}{n}$$

となる．これより，標本比率 $\dfrac{X}{n}$ の分布も n が十分大きくなるとき，中心極限定理より近似的に正規分布 $N\left(p, \dfrac{p(1 - p)}{n}\right)$ に従って分布する．さらに，

$$Z = \frac{\dfrac{X}{n} - p}{\sqrt{\dfrac{p(1 - p)}{n}}} = \frac{X - np}{\sqrt{np(1 - p)}} \tag{3.1}$$

とおくと，Z は正規分布 $N(0, 1^2)$ に従う．

例題 3.2 X が 2 項分布 $B(400, 0.2)$ に従うとき，$P(68 < X \leq 100)$ の近似値を正規分布表より求めよ．

[解]　$n = 400$，$p = 0.2$ より，$np = 400 \times 0.2 = 80$，$1 - p = 0.8$ となる．よって，$np(1 - p) = 64$ である．X を標準化して

$$Z = \frac{X - 80}{\sqrt{64}}$$

とおくと，Z は正規分布 $N(0, 1^2)$ に従うから，

$$P(68 < X \leq 100) = P\left(\frac{68 - 80}{8} < \frac{X - 80}{8} \leq \frac{100 - 80}{8}\right)$$
$$= P(-1.5 < Z \leq 2.5)$$

$$= P(-1.5 < Z \le 0) + P(0 < Z \le 2.5)$$
$$= 0.4332 + 0.4938 = 0.9270$$

となる.

3.4　χ^2 分布（カイ2乗分布）

正規母集団 $N(\mu, \sigma^2)$ から抽出した大きさ n の標本を $X_1, X_2, \ldots, X_n$ とする. このとき,

$$\chi^2 = \sum_{i=1}^{n} \left(\frac{X_i - \mu}{\sigma} \right)^2$$

が従う分布を自由度 n の χ^2 分布という.

χ^2 分布の平均値は $E(\chi^2) = n$, 分散は $V(\chi^2) = 2n$ である.

注　χ^2 分布の確率密度関数 $f(\chi^2)$ は次の式で表される.

$$f(\chi^2) = \frac{1}{2^{\frac{n}{2}} \, \Gamma\left(\dfrac{n}{2}\right)} (\chi^2)^{\frac{n}{2}-1} e^{-\frac{\chi^2}{2}} \qquad (\chi^2 > 0) \tag{3.2}$$

ここで, $\Gamma(\alpha)$ はガンマ関数といわれるもので, 階乗の実数への一般化である. $\alpha > 0$ に対して,

$$\Gamma(\alpha) = \int_0^\infty e^{-x} x^{\alpha-1} \, dx$$

で定義される. この関数は次の性質をもつ.

1. $\Gamma(\alpha + 1) = \alpha\Gamma(\alpha)$
2. $\Gamma(1) = \Gamma(2) = 1$
3. $\Gamma\left(\dfrac{1}{2}\right) = \sqrt{\pi}$
4. $\Gamma(n + 1) = n\Gamma(n) = n(n-1)\Gamma(n-1) = n(n-1)(n-2)\cdots 3 \cdot 2 \cdot 1 = n!$

確率変数 X が $N(0, 1^2)$ に従うとき, その平方 X^2 は自由度 1 の χ^2 分布に従う. したがって, X が $N(\mu, \sigma^2)$ に従うとき, これを標準化し $\dfrac{X - \mu}{\sigma}$ とおくと, その平方 $\dfrac{(X - \mu)^2}{\sigma^2}$ は自由度 1 の χ^2 分布に従う.

確率変数 $X_1, X_2, \ldots, X_n$ が互いに独立で, いずれも $N(0, 1^2)$ に従うとき,

$$\chi^2 = X_1^2 + X_2^2 + \cdots + X_n^2 = \sum_{i=1}^{n} X_i^2$$

は自由度 n の χ^2 分布に従う.

◉ χ^2 分布が現れる例

(1)　正規母集団 $N(\mu, \sigma^2)$ から抽出した大きさ n の標本 $X_1, X_2, \ldots, X_n$ より作られた標本平均 $\overline{X}$ を標準化して $Z = \dfrac{\overline{X} - \mu}{\sigma/\sqrt{n}}$ とおくと, Z は $N(0, 1^2)$ に従う. したがって, この Z を2乗して

$$Z^2 = \chi^2 = \left(\frac{\overline{X} - \mu}{\sigma/\sqrt{n}} \right)^2 \tag{3.3}$$

とおくと, この Z^2 は自由度1の χ^2 分布に従う.

(2)　確率変数 $X_1, X_2, \ldots, X_n$ が母平均 μ が未知である正規分布 $N(\mu, \sigma^2)$ に従うとき, μ のかわりに標本平均 $\overline{X}$ を用いて,

$$\chi^2 = \left(\frac{X_1 - \overline{X}}{\sigma} \right)^2 + \left(\frac{X_2 - \overline{X}}{\sigma} \right)^2 + \cdots + \left(\frac{X_n - \overline{X}}{\sigma} \right)^2$$

$$= \sum_{i=1}^{n} \left(\frac{X_i - \overline{X}}{\sigma} \right)^2 = \frac{nS^2}{\sigma^2} \quad (S^2 : 標本分散) \tag{3.4}$$

を作ると, これは自由度 $n - 1$ の χ^2 分布に従う.

> 注　なぜ (2) の例で自由度が $n - 1$ となるのか, 簡単に説明しておこう. 式 (3.4) の標本分散 $S^2 = \dfrac{1}{n} \sum_{i=1}^{n} (X_i - \overline{X})^2$ の計算では, 未知の母平均 μ のかわりに標本平均 $\overline{X}$ を用いる. この場合, 変数 X は n 個あるが, これは
>
> $$X_1 + X_2 + \cdots + X_{n-1} + X_n = n\overline{X}$$
>
> なる制約条件に従わなければならない. すなわち, 変数 n 個のうち, X_1 から X_{n-1} の $n-1$ 個は互いに独立に自由に選ぶことができ, この変数の値と $\overline{X}$ の値が定まれば n 番目の値 X_n も定まることを意味している. つまり, 制約条件を1つ前提にしなければならず, 母平均 μ を用いる場合よりも自由度が1つ減って $n-1$ となる.

● χ^2 分布表の使い方

自由度が n の χ^2 分布に対して,確率 p から, $P(\chi^2 > \chi_0^2) = p$ となるような χ_0^2 の値(図 3.2 参照)を求める χ^2 分布表が付表 2 に与えられている.この χ_0^2 を,自由度 n の χ^2 分布の $100p\%$ 点といい, $\chi_n^2(p)$ で表す.

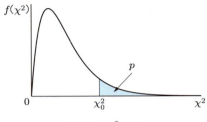

図 3.2 χ^2 分布

例題 3.3 X が自由度 6 の χ^2 分布に従うとき,次の値を求めよ.
(1) $P(\chi^2 > \chi_0^2) = 0.01$ となる χ_0^2 (2) $P(\chi^2 > 1.567)$

[解] (1) 自由度 6 の χ^2 分布表より, $\chi_0^2 = \chi_6^2(0.01) = 16.81$ となる.
(2) $\chi_6^2(p) = 1.567$ となる p の値は χ^2 分布表にないので,線形補間法により求める.

$$p = 0.975 + (1.567 - 1.237) \times \frac{0.95 - 0.975}{1.635 - 1.237}$$
$$= 0.975 - 0.0628 = 0.9122$$

表 3.1 χ^2 分布表(一部)

n \ p	0.975	(p)	0.95
6	1.237	1.567	1.635

3.5 t 分布

2 つの確率変数 X, Y が互いに独立で, X が $N(0, 1^2)$ に従い, Y が自由度 n の χ^2 分布に従うとき,

$$T = \frac{X}{\sqrt{Y/n}} \tag{3.5}$$

が従う分布を自由度 n の t 分布という.

t 分布の平均値は $E(T) = 0$,分散は $V(T) = \dfrac{n}{n-2}$ で,平均値 0 を中心とした左

右対称な形をしており，n が大きくなると正規分布 $N(0, 1^2)$ に近づく．

注　t 分布の確率密度関数 $f(t)$ は，

$$f(t) = \frac{1}{\sqrt{n\pi}\,\Gamma\left(\frac{n}{2}\right)} \Gamma\left(\frac{n+1}{2}\right) \left(1 + \frac{t^2}{n}\right)^{-\frac{n+1}{2}} \quad (-\infty < t < \infty) \quad (3.6)$$

で表される．

● t 分布が現れる例

$X_1, X_2, \ldots, X_n$ が独立で，いずれも正規分布 $N(\mu, \sigma^2)$ に従って分布し，その平均値を $\overline{X}$，分散を S^2 とする．このとき，

$$T = \frac{\overline{X} - \mu}{S/\sqrt{n-1}} \tag{3.7}$$

は自由度 $n-1$ の t 分布に従う．

● t 分布表の使い方

t 分布でも，自由度が n のとき確率 p から $P(|T| > t_0) = p$ となるような t_0 の値（図 3.3 参照）を求める t 分布表が付表 3 に与えられている．この t_0 を自由度 n の t 分布の $100p\%$ 点といい，$t_n(p)$ で表す．

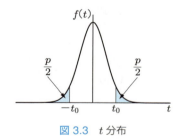

図 3.3　t 分布

例題 3.4 T が自由度 10 の t 分布に従うとき，次の値を求めよ．
(1) $P(|T| > t_0) = 0.01$ となる t_0　　(2) $P(|T| \leq 2.228)$
(3) $P(|T| > 2.567)$

[解]　自由度 10 の t 分布表より，次のように求められる．
(1) $P(|T| > t_0) = 0.01$ となる $t_0 = t_{10}(0.01) = 3.169$
(2) $P(|T| \leq 2.228) = 1 - P(|T| > 2.228) = 1 - 0.05 = 0.95$

(3) $P(|T| > 2.567) = p$ の値は t 分布表にないので，線形補間法で求める．

$$p = 0.05 + (0.02 - 0.05) \times \frac{2.567 - 2.228}{2.764 - 2.228}$$
$$= 0.05 - 0.03 \times \frac{0.339}{0.536} = 0.031$$

表 3.2 t 分布表（一部）

n ＼ p	0.05	(p)	0.02
10	2.228	2.567	2.764

例題 3.5 T が自由度 50 の t 分布に従うとき，$P(|T| > t_0) = 0.05$ となる t_0 の値を求めよ．

[解] $p = 0.05$ の場合，自由度 50 の値は t 分布表にないので，次のように自由度の逆数で補間して求める方法が知られている（解答の後の注を参照）．

自由度 40 と 60 の 5% 点は，t 分布表より，$t_{40}(0.05) = 2.021$，$t_{60}(0.05) = 2.000$ である．よって，次のように求められる．

$$t_{50} = 2.021 + (2.000 - 2.021) \times \frac{\dfrac{1}{50} - \dfrac{1}{40}}{\dfrac{1}{60} - \dfrac{1}{40}} = 2.008$$

表 3.3 t 分布表（一部）

n ＼ p	0.05
40	2.021
(50)	(t_{50})
60	2.000

注 t 分布表にない自由度 n の $t_n(p)$ の値の求め方

自由度 n が 30 以下のところでは直接の線形補間をして求める．自由度 n が 30 を超えるところでは，n の値が 30，40，60，120 ととびとびになっている．この値を用いて線形補間を行うと誤差が大きくなる．そこで，図 3.4 のように，横軸に自由度の逆数（$120/n$）を，縦軸に $t_n(p)$ の値（表 3.4）をとって 2 つの関係をみると，ほぼ直線になるので，誤差は小さい．そのため，この補間には自由度の逆数を用いた線形補間をする（これを逆数補間法または調和補間法という）．

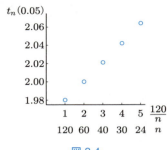

n	$120/n$	$t_n(0.05)$
120	1	1.980
60	2	2.000
40	3	2.021
30	4	2.042
24	5	2.064

表 3.4

図 3.4

3.6　F 分 布

2つの確率変数 X, Y が互いに独立で，それぞれ自由度 n_1, n_2 の χ^2 分布に従うとき，

$$F = \frac{X/n_1}{Y/n_2} \tag{3.8}$$

が従う分布を，自由度 (n_1, n_2) の **F 分布** という．

F 分布の平均値と分散は，それぞれ

$$\text{平均値} \quad E(F) = \frac{n_2}{n_2 - 2} \quad (n_2 > 2)$$

$$\text{分散} \quad V(F) = \frac{2n_2^2(n_1 + n_2 - 2)}{n_1(n_2 - 2)^2(n_2 - 4)} \quad (n_2 > 4)$$

である．

注　F 分布の確率密度関数 $f(F)$ は

$$f(F) = \frac{\Gamma\left(\dfrac{n_1 + n_2}{2}\right)}{\Gamma\left(\dfrac{n_1}{2}\right)\Gamma\left(\dfrac{n_2}{2}\right)} \left(\frac{n_1}{n_2}\right)^{\frac{n_1}{2}} \frac{F^{\frac{n_1}{2} - 1}}{\left(1 + \dfrac{n_1}{n_2}F\right)^{\frac{n_1 + n_2}{2}}} \quad (F > 0) \tag{3.9}$$

で表される．

● **F 分布が現れる例**

(1)　正規母集団 $N(\mu, \sigma^2)$ からの大きさ n の標本 $X_1, X_2, \ldots, X_n$ からの標本平均 $\overline{X}$ と標本分散 S^2

$$\overline{X} = \frac{1}{n}\sum_{i=1}^{n} X_i, \qquad S^2 = \frac{1}{n}\sum_{i=1}^{n}(X_i - \overline{X})^2$$

を用いて

$$F = \frac{(\overline{X} - \mu)^2}{S^2/(n-1)} \tag{3.10}$$

とおくと, F は自由度 $(1, n-1)$ の F 分布に従う.

(2)　母分散の等しい 2 つの正規母集団 $N(\mu_1, \sigma^2)$, $N(\mu_2, \sigma^2)$ から抽出した, それぞれ大きさ n_1, n_2 の 2 つの独立な標本から作られる標本平均を $\overline{X_1}$, $\overline{X_2}$ とし, 標本分散を S_1^2, S_2^2 とする. このとき,

$$U^2 = \frac{n_1 S_1^2 + n_2 S_2^2}{n_1 + n_2 - 2} \tag{3.11}$$

を作り,

$$F = \frac{\{(\overline{X_1} - \overline{X_2}) - (\mu_1 - \mu_2)\}^2}{U^2 \cdot \dfrac{1}{n_1} + \dfrac{1}{n_2}} \tag{3.12}$$

とおくと, F は自由度 $(1, n_1 + n_2 - 2)$ の F 分布に従う.

(3)　分散が等しい $(\sigma_1^2 = \sigma_2^2)$ 2 つの正規母集団 $N(\mu_1, \sigma_1^2)$, $N(\mu_2, \sigma_2^2)$ から, それぞれ大きさ n_1, n_2 の独立な標本をとり, その標本分散 S_1^2, S_2^2 から U_1^2, U_2^2 を

$$U_1^2 = \frac{n_1}{n_1 - 1} S_1^2, \qquad U_2^2 = \frac{n_2}{n_2 - 1} S_2^2 \tag{3.13}$$

とおく. ここで, $U_1^2 > U_2^2$ とするとき,

$$F = \frac{U_1^2}{U_2^2} \qquad (F > 1 \text{ となるようにとる}) \tag{3.14}$$

とおくと, この F は自由度 $(n_1 - 1, n_2 - 1)$ の F 分布に従う.

なお, F が自由度 (n_1, n_2) の F 分布に従うならば, $\dfrac{1}{F}$ は自由度 (n_2, n_1) の F 分布に従う.

◉ F 分布表の使い方

F 分布にも, 自由度が (n_1, n_2) のとき, 確率 p から $P(F > F_0) = p$ となる F_0 (図 3.5 参照) を求める **F 分布表**が付表 4～6 に与えられている. この F_0 を自由度 (n_1, n_2) の F 分布の上側 $100p\%$ 点といい, $F_{n_2}^{n_1}(p)$ で表す. p が 0.05, 0.025, 0.01

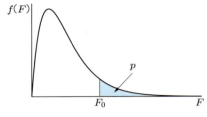

図 3.5　F 分布

のときの F_0 の値を求める表が与えられているが，p が 0.95, 0.975, 0.99 の場合のものはない．p がこのような値をとるときには，

$$F_{n_2}^{n_1}(p) = \frac{1}{F_{n_1}^{n_2}(1-p)} \tag{3.15}$$

という関係式を用いて，$F_{n_1}^{n_2}(1-p)$ を F 分布表から求めればよい．なお，下側 $100p\%$ 点は，上側 $100(1-p)\%$ 点にほかならないので，p が 0.95, 0.975, 0.99 のときには F 分布表から求めることができ，p が 0.05, 0.025, 0.01 のときには式 (3.15) を利用する．

たとえば，F が自由度 $(9, 15)$ の F 分布に従うとき，$P(F > F_0) = 0.95$ となる F_0 は次のように求められる．

$$F_0 = F_{15}^9(0.95) = \frac{1}{F_9^{15}(1-0.95)} = \frac{1}{F_9^{15}(0.05)} = \frac{1}{3.01} = 0.332$$

例題 3.6　F 分布表から，次の値を求めよ．
(1) 自由度が $(10, 20)$ のとき，$P(F > F_0) = 0.05$ となる $F_0 = F_{20}^{10}(0.05)$
(2) 自由度が $(15, 30)$ のとき，$P(F > F_0) = 0.975$ となる $F_0 = F_{30}^{15}(0.975)$
(3) 自由度が $(30, 50)$ のとき，$P(F > F_0) = 0.01$ となる $F_0 = F_{50}^{30}(0.01)$

[解]　F 分布表より求める．
(1) $F_{20}^{10}(0.05) = 2.35$
(2) $F_{30}^{15}(0.975) = \dfrac{1}{F_{15}^{30}(1-0.975)} = \dfrac{1}{F_{15}^{30}(0.025)} = \dfrac{1}{2.64} = 0.379$
(3) 1% 点の F 分布表には，$n_1 = 30$, $n_2 = 50$ の値がないので，次のように自由度の逆数で補間して求める方法が知られている（解答の後の注を参照）．

$$F_{50}^{30}(0.01) = 2.20 + (2.03 - 2.20) \times \frac{\dfrac{1}{50} - \dfrac{1}{40}}{\dfrac{1}{60} - \dfrac{1}{40}}$$

$$= 2.20 - 0.17 \times 0.6 = 2.098$$

表 3.5　F 分布表（一部）

n_2 \ n_1	30
40	2.20
(50)	(F_{50}^{30})
60	2.03

注　F 分布表にない自由度 (m, n) の $F_n^m(p)$ の値の求め方

　F 分布表の値は 2 つの自由度 (m, n) と確率 p によって定まる．m を第 1 自由度，n を第 2 自由度とよぶ．F 分布表では，第 1 自由度 m の値を横軸に，第 2 自由度 n の値を縦軸にとっている．第 1 自由度 m は 10 を超えたところでは 12，15，20，24，30，40，60，120 の値を，第 2 自由度 n も 30 を超えたところでは 40，60，120 ととびとびの値をとっているので，このところでは t 分布のとき（p.73 参照）と同様に逆数補間法を用いる．

3.7　相関係数の標本分布

　母集団分布が 2 次元正規分布をするとき，その確率密度関数 $f(x, y)$ は次の式で表される．

$$f(x, y) = \frac{1}{2\pi\sigma_X\sigma_Y\sqrt{1-\rho^2}}\, e^{-Q} \tag{3.16}$$

$$Q = \frac{1}{2(1-\rho^2)}\left\{\left(\frac{x-\mu_X}{\sigma_X}\right)^2 - 2\rho\left(\frac{x-\mu_X}{\sigma_X}\right)\left(\frac{y-\mu_Y}{\sigma_Y}\right) + \left(\frac{y-\mu_Y}{\sigma_Y}\right)^2\right\}$$

ここで，μ_X，μ_Y は X，Y の平均，σ_X，σ_Y は X，Y の標準偏差，ρ は X と Y との母相関係数である．式 (3.16) は $N(\mu_X, \mu_Y, \sigma_X^2, \sigma_Y^2, \rho)$ とも表す．

　2 次元正規分布に従う母集団から抽出した n 組の標本 (X_1, Y_1)，(X_2, Y_2)，…，(X_n, Y_n) より標本相関係数 R を求めると，

$$R = \frac{\dfrac{1}{n}\sum_{i=1}^{n}(X_i - \overline{X})(Y_i - \overline{Y})}{\sqrt{\dfrac{1}{n}\sum_{i=1}^{n}(X_i - \overline{X})^2}\ \sqrt{\dfrac{1}{n}\sum_{i=1}^{n}(Y_i - \overline{Y})^2}} \tag{3.17}$$

となる．このとき，次の性質が成り立つ．

1. $\rho = 0$ の場合，$n \geq 3$ のとき

$$T = \sqrt{n-2}\ \frac{R}{\sqrt{1-R^2}} \tag{3.18}$$

と変換すると，T は自由度 $n-2$ の t 分布に従う．これを用いて「無相関（$\rho = 0$）の検定（5.5.1 項）」を行う．

2. $\rho \neq 0$ の場合，n がある程度大きいとき（$n \geq 10$）

$$Z = \frac{1}{2}\log_e\frac{1+R}{1-R}, \qquad s = \frac{1}{2}\log_e\frac{1+\rho}{1-\rho} \tag{3.19}$$

と変換すると，Z の分布はほぼ正規分布 $N\left(s + \dfrac{\rho}{2(n-1)}, \dfrac{1}{n-3}\right)$ に従うとみなせる．ここで，n が十分大きくなると母平均の $\dfrac{\rho}{2(n-1)}$ は無視できるので，Z は正規分布 $N\left(s, \dfrac{1}{n-3}\right)$ に従うとみなせる．これを用いて「ρ の区間推定（4.3.4 項）」や「$\rho = \rho_0$ という仮説の検定（5.5.2 項）」などを行う．

注 標本相関係数 R の確率密度関数は以下のようになる．

1. $\rho = 0$ の場合，次のようになる．

$$f(r) = \begin{cases} \dfrac{1}{\sqrt{\pi}}\dfrac{\Gamma\left(\dfrac{n-1}{2}\right)}{\Gamma\left(\dfrac{n-2}{2}\right)}(1-r^2)^{\frac{n-4}{2}} & (|r| \leq 1) \\[4mm] 0 & (|r| > 1) \end{cases} \tag{3.20}$$

2. $\rho \neq 0$ の場合，次のようになる．

$$f(r) = \begin{cases} \dfrac{n-2}{\pi}(1-r^2)^{\frac{n-4}{2}}\displaystyle\int_0^1 \dfrac{t^{n-2}}{(1-\rho rt)^{n-1}}\dfrac{dt}{\sqrt{1-t^2}} & (|r| \leq 1) \\[4mm] 0 & (|r| > 1) \end{cases} \tag{3.21}$$

演習問題

3.1 正規母集団 $N(50, 10^2)$ からの大きさ 25 の標本から求められた標本平均を $\overline{X}$ とするとき，次の値を求めよ．

(1) $P(48.2 < \overline{X} \leq 55.8)$

(2) $P(45 < \overline{X} \leq a) = 0.6$ となる a

(3) $P(\overline{X} \leq a) = 0.95$ となる a

3.2 正規母集団 $N(\mu, 4^2)$ からの大きさ 10 の標本から求められた標本分散 S^2 は 5.10 であった．次の値を求めよ．

(1) χ^2 の実現値 χ_0^2 (2) $P(\chi^2 > \chi_0^2)$

3.3 χ^2 分布表を用いて，次の値を求めよ．

(1) χ^2 が自由度 13 の χ^2 分布に従うときの，$P(\chi^2 > \chi_0^2) = 0.025$ となる χ_0^2

(2) χ^2 が自由度 9 の χ^2 分布に従うときの，$P(\chi^2 > 21.67)$

(3) χ^2 が自由度 4 の χ^2 分布に従うときの，$P(\chi^2 > 10.44)$

3.4 t 分布表を用いて，次の値を求めよ．

(1) T が自由度 25 の t 分布に従うときの，$P(|T| \leq t_0) = 0.98$ となる t_0

(2) T が自由度 15 の t 分布に従うときの，$P(|T| > 2.0)$

(3) T が自由度 45 の t 分布に従うときの，$P(|T| \leq t_0) = 0.80$ となる t_0

3.5 F 分布表を用いて，次の値を求めよ．

(1) F が自由度 $(4, 6)$ の F 分布に従うときの，$P(F \leq F_0) = 0.01$ となる F_0

(2) F が自由度 $(25, 30)$ の F 分布に従うときの，$P(F > F_0) = 0.975$ となる F_0

(3) F が自由度 $(35, 40)$ の F 分布に従うときの，$P(F > F_0) = 0.05$ となる F_0

第4章 推定

4.1 推定の考え方

この章では,ある1つの母集団から任意に抽出した大きさ n の標本をもとにして,その集団に関する母数 θ(母平均,母分散,母比率および母相関係数など)の推定を行う場合の考え方や方法について述べよう.一般に,集団の性質についてすでにわかっている事柄が多いほど,また抽出した標本の数が大きいほど,推定が容易にもなり,正確にもなる.また,たとえ集団の性質がわずかしかわかっていない場合や,標本の数があまり大きくない場合でも,有効な推定を行うことができる.

母集団の性質を知るには,その確率分布がわかれば十分であるが,一般にわかっていない場合が多い.そこで,その母集団分布を特定の分布,たとえば正規分布とか2項分布などと仮定して,その母集団から抽出した標本 $X_1, X_2, \ldots, X_n$ より母数を推定しようとするのである.

母集団から大きさ n の標本をとり,適当な関数,すなわち統計量 $T_n = T_n(X_1, X_2, \ldots, X_n)$ を作り,これに実際に測定して得られた値 $x_1, x_2, \ldots, x_n$ を代入して求めた T_n の実現値 $t_n = T_n(x_1, x_2, \ldots, x_n)$ から,母数 θ の値を推定する[†].

このように,母数 θ の推定に用いられる統計量 T_n を θ の推定量といい,T_n の実現値 t_n を推定値とよんでいる.

推定には,点推定と区間推定の2つの方法がある.点推定とは,ある1つの数値を母数として推定する方法で,区間推定とは,ある一定の信頼係数(確率)によって与えられた信頼限界の中に母数 θ があるという推定の方法である.

[†] 一般に,確率変数は X などの大文字を用いて表し,また確率変数のとりうる値,すなわち実現値を,$x_1, x_2, \ldots$ などと対応する小文字を用いて表す.

4.2 点推定

点推定とは，母集団の未知母数 θ を 1 つの統計量 T_n で推定する方法であるが，この場合，1 つの母数に対していくつもの推定量が考えられる．たとえば，母平均 μ には，標本平均 $\overline{X}$ とか中央値 Me，最頻値 Mo などが考えられる．この中でどの推定量がもっともよい推定量といえるのか．その基準には，統計量の平均結果が母数に等しい，標本から求めた統計量の分布のばらつきが非常に小さい，などがある．

統計量 T_n の平均値（期待値）が推定しようとする母数 θ に等しいとき，つまり

$$E(T_n) = \theta$$

であるとき，推定量 T_n を母数 θ の偏りのない推定量，すなわち不偏推定量とよんでいる．点推定では，このような偏りのない推定量 T_n を用いることが望ましい．

例題 4.1 母平均が μ，母分散が σ^2 である母集団からの大きさ n の無作為標本を $X_1, X_2, \ldots, X_n$ とするとき，次を示せ．
(1) 標本平均 $\overline{X}$ は μ の不偏推定量であること．
(2) 標本分散 S^2 は母分散 σ^2 の不偏推定量ではないこと．

- -

[解] 母集団の母平均を μ，母分散を σ^2 とするとき，この母集団から無作為に抽出された大きさ n の標本 $X_1, X_2, \ldots, X_n$ は母集団分布に従い，その平均値と分散は

$$E(X_1) = E(X_2) = \cdots = E(X_n) = \mu$$
$$V(X_1) = V(X_2) = \cdots = V(X_n) = \sigma^2$$

となる．これより，次のように計算できる．
(1) 標本平均 $\overline{X}$ は

$$\overline{X} = \frac{X_1 + X_2 + \cdots + X_n}{n}$$

なので，

$$\begin{aligned}
E(\overline{X}) &= E\left(\frac{X_1 + X_2 + \cdots + X_n}{n}\right) \\
&= \frac{1}{n}\Big(E(X_1) + E(X_2) + \cdots + E(X_n)\Big) \\
&= \frac{1}{n}(\mu + \mu + \cdots + \mu) = \mu
\end{aligned}$$

となる．したがって，標本平均 $\overline{X}$ は母平均 μ の不偏推定量である．

82　第4章　推　定

(2) 標本分散 S^2 は

$$S^2 = \frac{1}{n} \sum_{i=1}^{n} (X_i - \overline{X})^2$$

なので,

$$nS^2 = \sum_{i=1}^{n} (X_i - \overline{X})^2 = \sum_{i=1}^{n} (X_i - \mu)^2 - n(\overline{X} - \mu)^2$$

より,

$$E(nS^2) = E\left[\sum_{i=1}^{n} (X_i - \mu)^2 - n(\overline{X} - \mu)^2\right]$$

$$= \sum_{i=1}^{n} E(X_i - \mu)^2 - nE(\overline{X} - \mu)^2$$

となる. ここで, $E[(X_i - \mu)^2] = V(X_i) = \sigma^2$, $E[(\overline{X} - \mu)^2] = \dfrac{\sigma^2}{n}$ より,

$$E(nS^2) = n\sigma^2 - n \cdot \frac{\sigma^2}{n}$$

$$= (n-1)\sigma^2$$

$$E(S^2) = \frac{n-1}{n} \sigma^2 \neq \sigma^2 \tag{4.1}$$

となる. したがって, S^2 は σ^2 の不偏推定量ではない.

◉ 不偏分散

式 (4.1) の両辺に $\dfrac{n}{n-1}$ をかけて

$$E\left(\frac{n}{n-1} S^2\right) = \sigma^2$$

とすると, $\dfrac{n}{n-1} S^2$ が σ^2 の不偏推定量となる. いま,

$$U^2 = \frac{n}{n-1} S^2 \tag{4.2}$$

とおくと,

$$E(U^2) = \sigma^2$$

となり, U^2 は σ^2 の不偏推定量となる. この U^2 を不偏分散という.

$$U^2 = \frac{1}{n-1}\sum_{i=1}^{n}(X_i - \overline{X})^2$$

$$= \frac{1}{n-1}\left\{\sum_{i=1}^{n}X_i^2 - \frac{1}{n}\left(\sum_{i=1}^{n}X_i\right)^2\right\} \tag{4.3}$$

注　一般に，標準偏差 U として，この不偏分散の平方根が用いられる．

$$U = \sqrt{\frac{1}{n-1}\sum_{i=1}^{n}(X_i - \overline{X})^2}$$

$$= \sqrt{\frac{1}{n-1}\left\{\sum_{i=1}^{n}X_i^2 - \frac{1}{n}\left(\sum_{i=1}^{n}X_i\right)^2\right\}} \tag{4.4}$$

4.3　区間推定

　点推定では，母集団から抽出した大きさ n の標本 $X_1, X_2, \ldots, X_n$ から母数 θ をただ 1 つの統計量 T_n で推定したが，この T_n は母集団から標本を抽出するたびにその測定値 $x_1, x_2, \ldots, x_n$ も変わり，T_n も変化するので，推定した値がどれほどの誤差をもっているのか明らかでないという欠点がある．そこで，これを補うために，母数 θ の点推定量 T_n を含む 1 つの区間，たとえば $(T_n - d, T_n + d)$ を考え，その区間の中に真の母数 θ があるというように推定する．しかも，その区間の中に母数が入る確率を $1 - \alpha$ となるようにし

$$P(T_n - d < \theta < T_n + d) = 1 - \alpha \tag{4.5}$$

と推定する方法が区間推定である．このとき，$1 - \alpha$ を信頼係数といい，区間 $(T_n - d, T_n + d)$ を信頼係数 $1 - \alpha$ の θ の信頼区間，その下限 $T_n - d$ および上限 $T_n + d$ を信頼限界という．信頼係数 $1 - \alpha$ は，通常 0.95（95%）または 0.99（99%）をとる．

　推定の一般的な手順を示すと，次のとおりである．

☑ 区間推定の手順

1 統計量（平均値，分散，比率など）を標本から求める．

2 信頼係数 $1 - \alpha$（0.95，0.99 など）を決め，対応する限界値を求める．

3 信頼限界の幅を求める．

4 信頼限界（上限信頼限界，下限信頼限界）を求め，信頼区間を求める．

4.3.1 母平均 μ の推定

母平均の推定には,母分散 σ^2 が既知の場合と未知の場合の 2 つがある.

(1) 母分散 σ^2 が既知の場合

正規母集団 $N(\mu, \sigma^2)$ からの大きさ n の標本 $X_1, X_2, \ldots, X_n$ から作られる標本平均 $\overline{X}$ は,正規分布 $N\left(\mu, \dfrac{\sigma^2}{n}\right)$ に従って分布する.したがって,統計量を

$$Z = \frac{\overline{X} - \mu}{\sigma/\sqrt{n}}$$

とおくと,この Z は正規分布 $N(0, 1^2)$ に従う(図 4.1 参照).

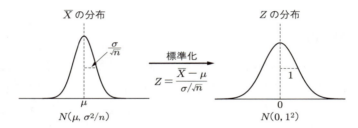

図 4.1 $\overline{X}$ 分布の標準化

いま,信頼係数を $1 - \alpha$ として,

$$P(|Z| < \lambda) = 1 - \alpha$$

となる Z の限界値 $\lambda(\alpha)$ を正規分布表より求める.このとき

$$\left|\frac{\overline{X} - \mu}{\sigma/\sqrt{n}}\right| < \lambda(\alpha)$$

より,信頼限界の幅は

$$\lambda(\alpha) \frac{\sigma}{\sqrt{n}} \tag{4.6}$$

となる.したがって,信頼係数 $1 - \alpha$ の信頼区間は

$$\overline{X} - \lambda(\alpha) \frac{\sigma}{\sqrt{n}} < \mu < \overline{X} + \lambda(\alpha) \frac{\sigma}{\sqrt{n}} \tag{4.7}$$

となる.

4.3 区間推定　85

　信頼係数 $1 - \alpha$ は，通常 0.95 または 0.99 をとる．このとき，正規分布表から，それぞれの限界値は $\lambda(0.05) = 1.96$ または $\lambda(0.01) = 2.58$ となる．

　たとえば，標本から求めた標本平均 $\overline{X}$ の実現値を $\overline{x}$ とすると，μ の信頼係数 95% の信頼区間は次のようになる．

$$\overline{x} - 1.96\,\frac{\sigma}{\sqrt{n}} < \mu < \overline{x} + 1.96\,\frac{\sigma}{\sqrt{n}} \tag{4.8}$$

　母集団が正規分布とは限らない場合でも，分散 σ^2 が既知で，標本数 n が大きい場合には，無作為標本 $X_1, X_2, \ldots, X_n$ から作った標本平均 $\overline{X}$ の分布は，中心極限定理から正規分布 $N\left(\mu, \dfrac{\sigma^2}{n}\right)$ に近似できるので，同様に式 (4.7) で μ を推定する．

例題 4.2 正規母集団 $N(\mu, 2.3^2)$ から取り出された大きさ 5 の無作為標本を

$$1.89 \quad 3.22 \quad 1.46 \quad 4.01 \quad 2.64$$

とするとき，母平均 μ の信頼係数 95% の信頼区間を求めよ．

- -

［解］　母集団が正規分布に従い，その母分散は既知で $\sigma^2 = 2.3^2$ である．

1 標本平均の実現値 $\overline{x}$ を求める．

$$\overline{x} = \frac{1.89 + 3.22 + 1.46 + 4.01 + 2.64}{5} = \frac{13.22}{5} = 2.644$$

2 正規分布表から，信頼係数 95% のときの限界値を求める．

$$\lambda(0.05) = 1.96$$

3 式 (4.6) より，信頼限界の幅を求める．

$$\lambda(0.05)\frac{\sigma}{\sqrt{n}} = 1.96\frac{2.3}{\sqrt{5}} = 2.016$$

4 したがって，母平均 μ の信頼係数 95% の信頼区間は，式 (4.7) より

$$2.644 - 2.016 < \mu < 2.644 + 2.016$$
$$\therefore \ \ 0.628 < \mu < 4.660$$

となる．

(2) 母分散 σ^2 が未知の場合

　母分散 σ^2 が未知の場合には，統計量 $\dfrac{\overline{X} - \mu}{\sigma/\sqrt{n}}$ を考えるかわりに，母分散 σ^2 を不偏分散 U^2 で置き換えたものを用いて母平均 μ を推定する．

86 第4章 推 定

すなわち，正規母集団 $N(\mu, \sigma^2)$ からの大きさ n の標本の標本平均 $\overline{X}$ と不偏分散 U^2 を求める．

$$\overline{X} = \frac{X_1 + X_2 + \cdots + X_n}{n}$$

$$U^2 = \frac{1}{n-1} \sum_{i=1}^{n} (X_i - \overline{X})^2$$

このとき，統計量

$$T_n = \frac{\overline{X} - \mu}{U/\sqrt{n}} \qquad (U = \sqrt{U^2}\,)$$

を作ると，T_n は自由度 $n-1$ の t 分布に従う．

ここで，信頼係数を $1 - \alpha$ とするとき，

$$P(|T_n| < t_{n-1}(\alpha)) = 1 - \alpha$$

となる限界値 $t_{n-1}(\alpha)$ を，自由度 $n-1$ の t 分布表より求める．このとき，

$$\left| \frac{\overline{X} - \mu}{U/\sqrt{n}} \right| < t_{n-1}(\alpha)$$

なので，信頼限界の幅は

$$t_{n-1}(\alpha) \frac{U}{\sqrt{n}}$$

となる．したがって，信頼係数 $1 - \alpha$ の信頼区間として，

$$\overline{X} - t_{n-1}(\alpha) \frac{U}{\sqrt{n}} < \mu < \overline{X} + t_{n-1}(\alpha) \frac{U}{\sqrt{n}} \tag{4.9}$$

を得る．$\overline{X}$ および U の実現値を $\overline{x}$ および u とすると，次のようになる．

$$\overline{x} - t_{n-1}(\alpha) \frac{u}{\sqrt{n}} < \mu < \overline{x} + t_{n-1}(\alpha) \frac{u}{\sqrt{n}} \tag{4.10}$$

注 不偏分散と標本分散との関係は，式 (4.2) より

$$u^2 = \frac{n}{n-1} s^2 \qquad \therefore\ u = \frac{\sqrt{n}}{\sqrt{n-1}} s$$

である．したがって，式 (4.10) は，標本標準偏差 s を用いて次のように表される．

$$\overline{x} - t_{n-1}(\alpha) \frac{s}{\sqrt{n-1}} < \mu < \overline{x} + t_{n-1}(\alpha) \frac{s}{\sqrt{n-1}} \tag{4.11}$$

4.3 区間推定　87

例題 4.3 ある工場で生産されている製品の中から，無作為に 10 個の標本を抽出して，その重さ [g] を測定したところ，この結果を得た.

$$8.6 \quad 3.4 \quad 9.5 \quad 5.8 \quad 4.3 \quad 10.2 \quad 2.6 \quad 3.7 \quad 7.4 \quad 4.1$$

この製品の母平均の 95% 信頼区間を求めよ. ただし，製品の重さは正規分布に従っているとする.

[解]　母分散 σ^2 は未知である.

1 標本平均および不偏分散の実現値 $\overline{x}$, u^2 を求める.

$$\overline{x} = \frac{1}{10}(8.6 + 3.4 + 9.5 + \cdots + 7.4 + 4.1) = \frac{59.6}{10} = 5.96$$

$$u^2 = \frac{1}{10-1}\left(8.6^2 + 3.4^2 + \cdots + 7.4^2 + 4.1^2 - \frac{59.6^2}{10}\right) = 7.6382$$

$$\therefore \ u = \sqrt{7.6382} = 2.76$$

2 信頼係数 95% のときの限界値を求める. 自由度 $10 - 1 = 9$ の t 分布表から，限界値は $t_9(0.05) = 2.262$ である.

3 信頼限界の幅を求める.

$$t_9(0.05)\frac{u}{\sqrt{n}} = 2.262\frac{2.76}{\sqrt{10}} = 1.977$$

4 したがって，母平均 μ の信頼係数 95% の信頼区間は，式 (4.10) より

$$5.96 - 1.977 < \mu < 5.96 + 1.977$$

$$\therefore \ 3.983 < \mu < 7.937$$

となる.

例題 4.4 正規母集団からの大きさ 15 の標本を抽出したところ，標本平均は 20.3, 標本標準偏差は 2.8 であった. 母平均に対する信頼係数 95% の信頼区間を求めよ.

[解]　母分散 σ^2 は未知である.

1 標本平均は $\overline{x} = 20.3$, 標本標準偏差は $s = 2.8$ である.

2 信頼係数 95% のときの限界値を求める. 自由度 $15 - 1 = 14$ の t 分布表から，限界値は $t_{14}(0.05) = 2.145$ である.

3 信頼限界の幅を求める.

$$t_{14}(0.05)\frac{s}{\sqrt{n-1}} = 2.145\frac{2.8}{\sqrt{14}} = 1.605$$

88　第4章　推　定

4 したがって，母平均 μ の信頼係数 95% の信頼区間は，式 (4.11) より

$$20.3 - 1.605 < \mu < 20.3 + 1.605$$
$$\therefore \ 18.695 < \mu < 21.905$$

となる．

4.3.2　母分散 σ^2 の推定

母分散の推定には，母平均 μ が既知の場合と未知の場合の 2 つがある．

(1) 母平均 μ が既知の場合

正規母集団 $N(\mu, \sigma^2)$ からの大きさ n の標本 $X_1, X_2, \ldots, X_n$ の，母平均 μ からの分散を S_0^2 とする．

$$S_0^2 = \frac{1}{n} \sum_{i=1}^{n} (X_i - \mu)^2 \tag{4.12}$$

このときの統計量

$$\chi_0^2 = \frac{n S_0^2}{\sigma^2}$$

は自由度 n の χ^2 分布に従うので，これを用いて σ^2 を推定する．

信頼係数を $1 - \alpha$ としたとき，

$$P(\chi_n^2 > k_1) = 1 - \frac{\alpha}{2}, \qquad P(\chi_n^2 > k_2) = \frac{\alpha}{2}$$

を満足する限界値 k_1, k_2 を自由度 n の χ^2 分布表から求め，

$$k_1 = \chi_n^2\left(1 - \frac{\alpha}{2}\right), \qquad k_2 = \chi_n^2\left(\frac{\alpha}{2}\right)$$

を得る．このとき，

$$P(k_1 < \chi_0^2 < k_2) = 1 - \alpha$$

より

$$k_1 < \frac{n S_0^2}{\sigma^2} < k_2$$

となる．よって

$$\frac{nS_0^2}{k_2} < \sigma^2 < \frac{nS_0^2}{k_1} \tag{4.13}$$

したがって，標本から求めた分散 S_0^2 の実現値 s_0^2 に対する母分散 σ^2 の信頼係数 $1-\alpha$ の信頼区間は次のようになる．

$$\frac{ns_0^2}{k_2} < \sigma^2 < \frac{ns_0^2}{k_1} \tag{4.14}$$

例題 4.5 ある金属球を 5 個用意して，直径 [mm] を測定したところ，次の値を得た．

$$10.2 \quad 10.0 \quad 9.8 \quad 10.1 \quad 9.9$$

この金属球の直径の分散を信頼係数 95% で推定せよ．ただし，金属球の直径は正規分布 $N(10.0, \sigma^2)$ に従っているとする．

[解] 母平均は既知で $\mu = 10.0$ である．

1 母平均からの分散 s_0^2 を求める．母平均が $\mu = 10.0$ であるので，これを用いて分散 s_0^2 を求める．

$$\begin{aligned}
s_0^2 &= \frac{1}{5}\big\{(10.2 - 10.0)^2 + (10.0 - 10.0)^2 + (9.8 - 10.0)^2 \\
&\qquad + (10.1 - 10.0)^2 + (9.9 - 10.0)^2\big\} \\
&= 0.02
\end{aligned}$$

2 信頼係数 95% のときの限界値を求める．自由度 5 の χ^2 分布から，限界値は

$$k_1 = \chi_5^2\left(1 - \frac{0.05}{2}\right) = \chi_5^2(0.975) = 0.8312$$

$$k_2 = \chi_5^2\left(\frac{0.05}{2}\right) = \chi_5^2(0.025) = 12.83$$

である．

3 信頼限界の幅を求める．

$$上限値 \quad \frac{ns_0^2}{k_1} = \frac{5 \times 0.02}{0.8312} = 0.1203$$

$$下限値 \quad \frac{ns_0^2}{k_2} = \frac{5 \times 0.02}{12.83} = 0.0078$$

4 したがって，母分散 σ^2 の信頼係数 95% の信頼区間は，式 (4.14) より

$$0.0078 < \sigma^2 < 0.1203$$

を得る．

90 第4章 推 定

(2) 母平均 μ が未知の場合

母平均が未知の場合，かわりに標本平均を使う．正規母集団 $N(\mu, \sigma^2)$ からの大きさ n の標本 $X_1, X_2, \ldots, X_n$ より標本平均 $\overline{X}$ を求め，これを用いて標本分散 S^2 を求める．

$$\overline{X} = \frac{X_1 + X_2 + \cdots + X_n}{n}$$

$$S^2 = \frac{1}{n} \sum_{i=1}^{n} (X_i - \overline{X})^2$$

このときの統計量

$$\chi^2 = \frac{nS^2}{\sigma^2}$$

は自由度 $n-1$ の χ^2 分布に従うので，これを用いて σ^2 の区間推定を行う．

いま，信頼係数を $1-\alpha$ としたとき，自由度 $n-1$ の χ^2 分布表から，

$$P(\chi_{n-1}^2 > k_1') = 1 - \frac{\alpha}{2}, \qquad P(\chi_{n-1}^2 > k_2') = \frac{\alpha}{2}$$

を満足する限界値 k_1', k_2' を求めると，

$$k_1' = \chi_{n-1}^2\left(1 - \frac{\alpha}{2}\right), \qquad k_2' = \chi_{n-1}^2\left(\frac{\alpha}{2}\right)$$

を得る．このとき，

$$P(k_1' < \chi_{n-1}^2 < k_2') = 1 - \alpha$$

より

$$k_1' < \frac{nS^2}{\sigma^2} < k_2'$$

となる．よって

$$\frac{nS^2}{k_2'} < \sigma^2 < \frac{nS^2}{k_1'} \tag{4.15}$$

がわかる．したがって，標本分散 S_2 の実現値 s^2 に対する母分散 σ^2 の信頼係数 $1-\alpha$ の信頼区間は，

$$\frac{ns^2}{k_2'} < \sigma^2 < \frac{ns^2}{k_1'} \tag{4.16}$$

となる．

4.3 区間推定　91

例題 4.6 正規母集団 $N(\mu, \sigma^2)$ から 5 個の標本を無作為に取り出して測定した結果，次の値を得た．これより母分散 σ^2 の 95% 信頼限界を求めよ．

$$20.5 \quad 20.8 \quad 20.2 \quad 19.7 \quad 20.4$$

[解]　母平均 μ が未知である．

1 母平均が未知なので，標本平均 $\overline{x}$ を求め，これを用いて標本分散 s^2 を求める．

$$\overline{x} = \frac{20.5 + 20.8 + 20.2 + 19.7 + 20.4}{5} = \frac{101.6}{5} = 20.32$$

$$s^2 = \frac{1}{5}\left\{(20.5^2 + 20.8^2 + 20.2^2 + 19.7^2 + 20.4^2) - \frac{101.6^2}{5}\right\}$$

$$= \frac{1}{5}(2065.18 - 2064.512)$$

$$= 0.1336$$

2 信頼係数 95% のときの限界値を求める．自由度 $5 - 1 = 4$ の χ^2 分布表から，限界値は

$$k_1' = \chi_4^2\left(1 - \frac{0.05}{2}\right) = \chi_4^2(0.975) = 0.4844$$

$$k_2' = \chi_4^2\left(\frac{0.05}{2}\right) = \chi_4^2(0.025) = 11.14$$

である．

3 信頼限界の幅を求める．

$$上限値 \quad \frac{ns^2}{k_1'} = \frac{5 \times 0.1336}{0.4844} = 1.379$$

$$下限値 \quad \frac{ns^2}{k_2'} = \frac{5 \times 0.1336}{11.14} = 0.060$$

4 したがって，母分散 σ^2 の信頼係数 95% の信頼区間は，式 (4.16) より

$$0.060 < \sigma^2 < 1.379$$

を得る．

4.3.3 母比率 p の推定

母比率の推定では，大標本の場合と小標本の場合の 2 つがある．

(1) 標本数 n が大きい場合

ある事象 A の母比率が p である母集団から抽出した大きさ n の標本の中に，A を満たすものが X 個あれば，X は 2 項分布 $B(n, p)$ に従う．n が十分大きいとき，中心極限定理により，X は正規分布 $N(np, np(1-p))$ に従うとみなせる．さらに，標本比率 $\dfrac{X}{n}$ も，n が十分に大きければ正規分布 $N\left(p, \dfrac{p(1-p)}{n}\right)$ に従うとみなせる．

このことから，統計量を

$$Z = \frac{\dfrac{X}{n} - p}{\sqrt{\dfrac{p(1-p)}{n}}} \tag{4.17}$$

とおくと，これは正規分布 $N(0, 1^2)$ に従うので，信頼係数を $1 - \alpha$ としたとき，

$$P(|Z| < \lambda) = 1 - \alpha \tag{4.18}$$

となる限界値 $\lambda(\alpha)$ を正規分布表から求める．このとき，式 (4.18) の括弧内の式は，式 (4.17) より，

$$\left| \frac{\dfrac{X}{n} - p}{\sqrt{\dfrac{p(1-p)}{n}}} \right| < \lambda$$

で表され，次のようになる．

$$\left| \frac{X}{n} - p \right| < \lambda \sqrt{\frac{p(1-p)}{n}}$$

この両辺を 2 乗し，p に関して整頓すると $\left(\text{ここで，} \dfrac{X}{n} = P^* \text{とおく}\right)$

$$(n + \lambda^2)p^2 - (2nP^* + \lambda^2)p + nP^{*2} < 0$$

上式を 左辺 $= 0$ として p について解けば，

$$p = \frac{n}{n + \lambda^2} \left\{ P^* + \frac{\lambda^2}{2n} \pm \lambda \sqrt{\frac{P^*(1 - P^*)}{n} + \left(\frac{\lambda}{2n}\right)^2} \right\}$$

となる．ここで，n の値を十分大きくし，P^* の値が 0 または 1 に近くないときは，

$$p = P^* \pm \lambda \sqrt{\frac{P^*(1 - P^*)}{n}} \tag{4.19}$$

となる．これより，信頼区間として

$$P^* - \lambda \sqrt{\frac{P^*(1 - P^*)}{n}} < p < P^* + \lambda \sqrt{\frac{P^*(1 - P^*)}{n}} \tag{4.20}$$

を得る．

例題 4.7 ある大学の学生の中から無作為に 500 人を選び，ある事柄についての賛否を問うたところ 280 人が賛成であった．信頼係数 95% で賛成者の母比率 p の信頼区間を求めよ．

[解] 標本数 n が大きいので，正規分布を用いる．

1 標本比率 P^* を求める．

$$P^* = \frac{280}{500} = 0.56$$

2 正規分布表より信頼係数 95% のときの限界値を求めると，$\lambda(0.05) = 1.96$ となる．

3 式 (4.19) より，信頼限界の幅を求める．

$$\lambda \sqrt{\frac{P^*(1 - P^*)}{n}} = 1.96 \sqrt{\frac{0.56(1 - 0.56)}{500}} = 0.0435$$

4 ゆえに，式 (4.20) より，母比率 p の信頼係数 95% の信頼区間は

$$0.56 - 0.0435 < p < 0.56 + 0.0435$$
$$\therefore \ 0.517 < p < 0.604$$

となる．

(2) 標本数が小さい場合

標本の数 n が大きい ($n \geq 30$) ときには，2 項分布は近似的に正規分布とみなせるため，簡単に母比率 p を推定することができるが，n が小さいときは，直接 2 項分布の式から信頼限界を計算する必要がある．

たとえば，母比率 p の信頼度 95% の信頼区間は，2 つの関係式

$$P(X \geq k_1) = \sum_{x=k_1}^{n} {}_n\mathrm{C}_x \, p^x (1 - p)^{n-x} = 0.025 \tag{4.21}$$

$$P(X \le k_2) = \sum_{x=0}^{k_2} {}_n\mathrm{C}_x\, p^x (1-p)^{n-x} = 0.025 \tag{4.22}$$

を解いて得られる. このときの p の信頼限界は, 下限値を p_L, 上限値を p_U とすると,

$$P(p_L < p < p_U) = 0.95 \tag{4.23}$$

として求められる. しかし, この計算は実際に行うと大変面倒である. そこで, n が あまり大きくないときは, 2項分布と F 分布との密接な関係 (5.6.2 項参照) を利用す ることで, 母比率 p の区間推定を次のようにして行うことができる.

ある事象 A の起こる確率が p である母集団から大きさ n の標本を抽出したとき, そ の中に A が k 回現れたとすると,

$$\frac{k}{n}$$

は標本比率である. このとき, 母比率 p の信頼区間の下限値と上限値は, 以下のよう に求められることが知られている.

(i) 信頼区間の下限値 p_L

信頼係数 $1 - \alpha$ のときの下限値 p_L を求めるには, まず 2 つの自由度 (n_1, n_2) を

$$n_1 = 2(n - k + 1), \qquad n_2 = 2k \tag{4.24}$$

として求め, これに相当する欄の値を F_1 とし, F 分布表より求める.

$$F_1 = F_{n_2}^{n_1}\left(\frac{\alpha}{2}\right) \tag{4.25}$$

これより, 下限値 p_L は

$$p_L = \frac{n_2}{n_1 F_1 + n_2} \tag{4.26}$$

として求められる.

(ii) 信頼区間の上限値 p_U

上限値 p_U を求めるには, 同じく 2 つの自由度 (m_1, m_2) を

$$m_1 = 2(k + 1), \qquad m_2 = 2(n - k) \tag{4.27}$$

より求め, これに相当する欄の値を F_2 として, F 分布表より求める.

$$F_2 = F_{m_2}^{m_1}\left(\frac{\alpha}{2}\right) \tag{4.28}$$

これより，上限値 p_U は

$$p_U = \frac{m_1 F_2}{m_1 F_2 + m_2} \tag{4.29}$$

として求められる．

(i)，(ii) から，信頼係数 $1-\alpha$ の母比率 p の信頼区間は

$$p_L < p < p_U \tag{4.30}$$

となる．

例題 4.8 製品全体の不良率 p を推定しようとして 20 個の標本を無作為に抽出したところ，5 個の不良品があった．不良率 p の信頼度 95% の信頼区間を求めよ．

[解] 標本数 n が小さいので，F 分布を用いる．ここで，$n = 20$，$k = 5$，信頼係数 $1 - \alpha = 0.95$ である．

(i) 信頼区間の下限値 p_L を求める．

1 2 つの自由度 (n_1, n_2) を式 (4.24) より求める．

$$n_1 = 2(20 - 5 + 1) = 32, \qquad n_2 = 2 \times 5 = 10$$

2 信頼係数 95% のときの限界値を，自由度 $(32, 10)$ の F 分布表より求める．この値は F 分布表にないので，例題 3.6 と同様に逆数で補間すると，次のようになる．

$$F_1 = F_{10}^{32}(0.025) = 3.2975$$

表 4.1

n_2＼n_1	30	(32)	40
10	3.31	(F_{10}^{32})	3.26

3 したがって，式 (4.26) より下限値は

$$p_L = \frac{10}{32 \times 3.2975 + 10} = 0.0866$$

となる．

96   第 4 章 推   定

(ii) 信頼区間の上限値 p_U を求める.

1 2 つの自由度 (m_1, m_2) を式 (4.27) より求める.

$$m_1 = 2(5+1) = 12, \qquad m_2 = 2(20-5) = 30$$

2 信頼係数 95% のときの限界値を，自由度 $(12, 30)$ の F 分布表より求める.

$$F_2 = F_{30}^{12}(0.025) = 2.41$$

3 したがって，式 (4.29) より上限値は

$$p_U = \frac{12 \times 2.41}{12 \times 2.41 + 30} = 0.491$$

となる.

(i)，(ii) より，不良率 p の信頼度 95% の信頼区間は次のようになる.

$$0.087 < p < 0.491$$

4.3.4　母相関係数 ρ の推定

母集団分布が 2 次元正規分布に従っているとき，そこから抽出した n 組の標本 $(X_1, Y_1), (X_2, Y_2), \ldots, (X_n, Y_n)$ から作られた標本相関係数 R から，母相関係数 ρ を推定する. 3.7 節で述べたように，n がある程度大きければ（$n \geq 10$），R と ρ を

$$Z = \frac{1}{2} \log_e \frac{1+R}{1-R}, \qquad s = \frac{1}{2} \log_e \frac{1+\rho}{1-\rho} \tag{4.31}$$

と変換すると，Z はほぼ正規分布 $N\left(s + \dfrac{\rho}{2(n-1)}, \dfrac{1}{n-3}\right)$ に従うとみなせる. ここで，n が十分大きいときは，母平均の $\dfrac{\rho}{2(n-1)}$ は s に比べて無視できるので，Z は正規分布 $N\left(s, \dfrac{1}{n-3}\right)$ に従うとみなせるから，これを利用して ρ の区間推定を行う. Z の式 (4.31) を z 変換の式といい，計算の便宜のための z 変換表を巻末の付表 7 に載せてある.

まず，Z の分布 $N\left(s, \dfrac{1}{n-3}\right)$ を標準化し，

$$X = \frac{Z-s}{1/\sqrt{n-3}} \tag{4.32}$$

とおくと，X は正規分布 $N(0, 1^2)$ に従う. いま，信頼係数を $1-\alpha$ とするとき，正規分布表より

$$P(|X| < \lambda) = 1 - \alpha \tag{4.33}$$

となる限界値 λ を求め，式 (4.32) を式 (4.33) に代入して，

$$P\left(Z - \frac{\lambda}{\sqrt{n-3}} < s < Z + \frac{\lambda}{\sqrt{n-3}}\right) = 1 - \alpha \tag{4.34}$$

を得る．ここで，R の実現値 r から

$$z = \frac{1}{2}\log_e \frac{1+r}{1-r}$$

の値を z 変換表より求め，s の信頼区間の下限値 s_L と上限値 s_U を求める．

$$
\begin{aligned}
s_L &= z - \frac{\lambda}{\sqrt{n-3}} \\
s_U &= z + \frac{\lambda}{\sqrt{n-3}}
\end{aligned} \tag{4.35}
$$

再び z 変換表から逆変換をして ρ の信頼区間を求める．いま，信頼区間の下限値を ρ_L，上限値を ρ_U とすると，

$$
\begin{aligned}
s_L &= \frac{1}{2}\log_e \frac{1+\rho_L}{1-\rho_L} \;\; \rightarrow \;\; \rho_L \\
s_U &= \frac{1}{2}\log_e \frac{1+\rho_U}{1-\rho_U} \;\; \rightarrow \;\; \rho_U
\end{aligned} \tag{4.36}
$$

として求める．これより，ρ の信頼係数 $1 - \alpha$ の信頼区間は

$$\rho_L < \rho < \rho_U \tag{4.37}$$

となる．

例題 4.9 ある大学で，無作為に抽出した学生 100 人の身長と体重の相関係数 r は 0.78 であった．信頼係数 95% で母相関係数 ρ の信頼区間を求めよ．ただし，学生の身長と体重は 2 次元正規分布に従っているとする．

[解] **1** z 変換表から，r に対応する z の値を求める．$r = 0.78$ のときは，z 変換表では $r = 0.7779$ のときで $z = 1.04$ となる．

2 信頼係数 95% のときの限界値 $\lambda(0.05)$ を求める．正規分布表から，$\lambda(0.05) = 1.96$ である．

3 式 (4.34) にもとづき s の信頼限界の幅を求める．

$$\frac{\lambda}{\sqrt{n-3}} = \frac{1.96}{\sqrt{100-3}} = 0.199$$

98   第4章　推　　定

4 s の信頼限界を求める．式 (4.35) より，次のようになる．

$$s_L = 1.04 - \frac{1.96}{\sqrt{100 - 3}} = 0.841$$

$$s_U = 1.04 + \frac{1.96}{\sqrt{100 - 3}} = 1.239$$

5 母相関係数 ρ の信頼限界を求める．

再び z 変換表を用いて，s の信頼限界を逆変換して，ρ の信頼限界を求める（下の注 1 を参照）．すなわち，ρ の信頼区間の下限値を ρ_L，上限値を ρ_U とすると，式 (4.36) より

$$s_L = 0.841 \text{ のとき} \quad 0.841 = \frac{1}{2} \log_e \frac{1 + \rho_L}{1 - \rho_L} \quad \rightarrow \quad \rho_L = 0.6863$$

$$s_U = 1.239 \text{ のとき} \quad 1.239 = \frac{1}{2} \log_e \frac{1 + \rho_U}{1 - \rho_U} \quad \rightarrow \quad \rho_U = 0.8451$$

となる．これより，相関係数 ρ の信頼係数 95% の信頼区間は，式 (4.37) より

$$0.686 < \rho < 0.845$$

となる．

注 1　z 変換表では小数 2 桁の数値までしか示されていない．ここでは，$s_L = 0.841$ であるが，表では 0.84 までである．この 0.001 の差を z 変換表の右端の「平均差」を用いて補間して求める．すなわち，

$$s_L = 0.84 \text{ のとき} \quad r = 0.6858 \quad\quad \text{平均差 } 53 \ (= 0.00053)$$
$$s_L = 0.841 \text{ のとき} \quad r = 0.6858 + 1 \times 0.00053 = 0.68633$$

となる．また，

$$s_U = 1.23 \text{ のとき} \quad r = 0.8426 \quad\quad \text{平均差 } 28 \ (= 0.00028)$$
$$s_U = 1.239 \text{ のとき} \quad r = 0.8426 + 9 \times 0.00028 = 0.84512$$

として求める．これより，信頼係数 95% の ρ の信頼区間は

$$0.6863 < \rho < 0.8451$$

となる．

注 2　なお，ρ は

$$s = \frac{1}{2} \log_e \frac{1 + \rho}{1 - \rho} \quad \text{より} \quad \rho = \frac{e^{2s} - 1}{e^{2s} + 1}$$

を導き，直接 s を代入して求めることもできる．

$$s_L = 0.841 \text{ のとき} \quad \rho_L = \frac{4.376298}{6.376298} = 0.6863$$

$$s_U = 1.239 \text{ のとき} \quad \rho_U = \frac{10.917406}{12.917406} = 0.8452$$

このときの ρ の信頼区間は，次のようになる．

$$0.6863 < \rho < 0.8452$$

演習問題

4.1 正規母集団 $N(\mu, 2^2)$ から取り出された大きさ 5 の無作為標本を

$$1.72 \quad 2.58 \quad 1.44 \quad 4.01 \quad 3.23$$

とするとき，母平均 μ を信頼係数 95% で区間推定せよ．

4.2 ある店から無作為にある食品を 10 個抽出して，その製品 100 g 中のたんぱく質の含有量 [g] を測定して，次の結果を得た．

$$33 \quad 24 \quad 41 \quad 29 \quad 25 \quad 27 \quad 32 \quad 26 \quad 43 \quad 36$$

この製品のたんぱく質の含有量が正規分布に従うとして，その平均値を，信頼係数 95% で区間推定せよ．

4.3 正規母集団から大きさ 15 の標本を抽出したところ，標本平均 $\overline{x} = 20.3$，標本標準偏差 $s = 2.8$ であった．
(1) 母平均 μ に対する信頼係数 95% の信頼区間を求めよ．
(2) 母分散 σ^2 の信頼区間を信頼係数 95% で推定せよ．

4.4 ある工場で生産した電球の中から無作為に 10 個を選び，寿命時間 [h] を測定した結果は，次のとおりであった．

$$1790 \quad 1800 \quad 1780 \quad 1790 \quad 1800 \quad 1810 \quad 1800 \quad 1790 \quad 1810 \quad 1780$$

この寿命時間が正規分布に従うとして，その分散 σ^2 を信頼係数 95% で区間推定せよ．

4.5 ある中学校で無作為に選んだ 20 人のうち 3 人が携帯電話をもっていた．この学校での携帯電話の所持率 p はどのくらいか．信頼係数 95% で区間推定せよ．

4.6 ある製品の試験において 150 個のうち 8 個の不良品が出た．この工場の母不良率の信頼限界を，信頼係数 95% で区間推定せよ．

4.7 10 個中不良品が 0 個ならば，不良率は最高いくらであるか．信頼係数 95% で推定せよ．

4.8 ある入学試験で無作為に抽出した答案 310 人分について，英語と数学の成績の相関係数は 0.29 であった．全体の相関係数を信頼係数 95% で推定せよ．

第5章

検 定

5.1 検定の考え方

本章では検定をあつかう．検定は仮説検定ともよばれ，母集団分布の母数（平均値や分散など）に関する仮説を立てて，抽出した標本から検証する手続きである．

この考え方を理解するために，1つの例を示そう．

ある製造工程で作られる製品の重量は，平均 μ が 53 g となるように調整されているとする．この調整が正しく行われているか確認したい．そのために，無作為に 10 個の製品を抽出し，その重量 x [g] を測定し，次のデータを得たとする．

$$61 \quad 60 \quad 57 \quad 63 \quad 56 \quad 64 \quad 59 \quad 57 \quad 46 \quad 67$$

「$\mu = 53$」という仮説を立てて，データからこの仮説を検証しよう．ただし，重量は正規分布に従っていて，標準偏差は $\sigma = 8$ であることが，経験でわかっているとする．

標本平均を計算すると $\bar{x} = 59$ であり，母平均 μ とは 6 の違いがみられる．ただし，$\bar{x}$ は母集団に含まれる一部の標本から計算した値なので，この結果からすぐに $\mu = 53$ が間違っている（製造工程が正しく調整されていない）と判断することはできない．重要なのは，この違いが偶然起こったといえる程度のものかどうかである．もし偶然では起こりそうもないほど珍しい結果であれば，そもそも $\mu = 53$ という仮説が間違っていたと考えられるだろう．これを確認するために，仮説が正しいとして，$\bar{x} = 59$ という結果が起こる確率を調べよう．

標本平均 $\bar{x}$ の分布は，平均値 $\mu_{\bar{x}} = \mu = 53$，標準偏差 $\sigma_{\bar{x}} = \dfrac{8}{\sqrt{10}} = 2.53$ の正規分布となる．そこで，$\bar{x}$ の μ からの違いをみると，

$$|\bar{x} - \mu| = |59.0 - 53| = 6.0 > 2\sigma_{\bar{x}} = 5.06$$

となり，標準偏差 $\sigma_{\bar{x}}$ の 2 倍以上になっている．図 5.1 でみるように，正規分布に

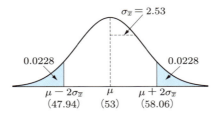

図 5.1 $\bar{x}$ の分布 $N(53, 2.53^2)$

おいて平均値 μ からその標準偏差 $\sigma_{\bar{x}}$ の 2 倍以上離れるような値が得られる確率は，$2 \times 0.0228 = 0.0456$，つまり 5% よりも小さい．

このことは，母集団が $\sigma = 8$ である正規分布に従い，それから無作為に厳密に標本が抽出されているという仮定のもとで，$\mu = 53$ である母集団からは起こりそうもないような標本が得られているということを意味している．すなわち，上の仮定のもとで得られた標本を根拠にすれば，$\mu = 53$ というのはちょっとおかしいと疑うほうが自然であるといえる．

一般的に統計学では，確率が 5% 以下であるような結果は，単に標本の抽出にともなう偶然によって生じたものではなく，ほかに何かもっと違った，意味のあるものであろうと考える．このように，標本抽出による偶然によって生じたものとは考えられないようなくい違いは，有意であると判定される．そして，この判定の基準となった 5% というような小さな確率を有意水準（または危険率）といい，α で表す．

検定では，あらかじめその対象となる母数 θ がある値 θ_0 をもつという仮定を設け，母集団から標本をとり，この標本を調べて，この仮定が間違っているといえるかどうかを判定する．この仮定 $\theta = \theta_0$ を仮説といい，H_0 で表す．このとき，間違っているとみなされる確率の領域を棄却域 W とよび，それ以外の領域を採択域とよぶ．この W を判定基準に用いる方法を，仮説検定という．

仮説検定の一般的な手順を示すと，次のとおりである．

1 検定しようとする仮説 H_0 を立てる

仮説 H_0 は，「従来と変わらない」ものとする．この仮説は「正しくない」と判断され捨てられる（棄却される）ことを予想して立てられることが多く，棄却されて無に帰する仮説という意味で帰無仮説といわれる．

これに対して，帰無仮説が「正しくない」と判断され捨てられたとき，これにかわって採用する仮説を用意しておく必要がある．これを対立仮説といい，H_1 で表される．

102 第 5 章 検 定

帰無仮説を定める際に，H_0 の棄却域 W を分布の両側にとるか片側にとるかの問題がある．W を分布の両側にとる場合を**両側検定**といい，片側にとる場合を**片側検定**という．一般に，

両側検定の場合

帰無仮説 $H_0 : \theta = \theta_0$ 　　対立仮説 $H_1 : \theta \neq \theta_0$

片側検定の場合

帰無仮説 $H_0 : \theta = \theta_0$ 　　対立仮説 $H_1 : \theta < \theta_0$ または $\theta > \theta_0$

とする．H_1 を $\theta < \theta_0$ とする場合を左片側検定，$\theta > \theta_0$ とする場合を右片側検定という．

2 判定のための有意水準 α を定める

有意水準 α は，0.05 (5%) とか 0.01 (1%) という値が多く用いられる．とくに断らない限り，有意水準 α には 0.05 (5%) を用いることにする．

3 帰無仮説 H_0 を検定するための統計量 T の分布を定める

検定するための統計量（**検定統計量**）T の標本分布には正規分布，t 分布，χ^2 分布，F 分布などの分布があり，おもに，正規分布，t 分布は平均値に関する検定，χ^2 分布，F 分布は分散に関する検定に用いる．

4 標本から統計量 T の実現値 t_0 を求める

帰無仮説 H_0 のもとで，標本から統計量 T の実現値 t_0 を計算する．

5 有意水準 α と統計量 T が従う分布から限界値を求める

検定統計量 T が従う分布から，有意水準 α に対応する**限界値**（または**パーセント点**という）$t(\alpha)$ を求める．これにより，T が入る確率が α となるような棄却域 W を定める．限界値 (t_1, t_2) と棄却域 W との関係は，

W を T の分布の両側にとる場合（両側検定，図 5.2 (a)）

$$W = (T \leq t_1, \ t_2 \leq T)$$

W を T の分布の片側にとる場合（片側検定，図 5.2 (b)，(c)）

$$W = (T \leq t_1) \quad \text{または} \quad W = (t_2 \leq T)$$

となる．

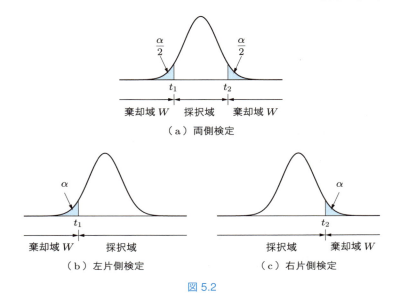

図 5.2

6 実現値 t_0 と限界値を比較して，帰無仮説 H_0 が棄却されるかどうか判断する

t_0 が棄却域 W の中に入った場合には帰無仮説 H_0 は棄却され，棄却域 W の中に入っていない場合には帰無仮説 H_0 は棄却されない（採択される）という手法をとる．すなわち，

$t_0 \in W$ ならば H_0 は棄却される．

$t_0 \notin W$ ならば H_0 は棄却されない（採択される）．

とする．棄却される場合，帰無仮説 H_0 は有意水準 α で棄却されるという．

検定を行うとき，注意しなければならないことがある．帰無仮説 H_0 を有意水準 α で検定して有意となり，その仮説が棄却されても，その仮説が絶対に正しくないという意味ではない．そのため，本来，仮説が正しいのに，検定において正しくないとしてその仮説が棄却されるという結果になることもありうる．このような誤りを第 1 種の誤りという．

一方，検定で仮説が棄却されなかったといっても，その仮説が必ずしも正しいと認めたというわけではなく，現在の情報だけでその仮説を否定するには十分でないという意味である．そのため，本来仮説が正しくないのに，検定においてその仮説が棄却されない結果になることもありうる．このような誤りを第 2 種の誤りという．

このように，仮説検定では，正しい仮説を棄却したり，正しくない仮説を採択する

といった誤りを犯す危険は常に存在する．たとえば，当然合格とすべき製品を不合格品として処分してしまったり（第1種の誤り，これを生産者危険という），不合格品を合格品として販売してしまう（第2種の誤り，これを消費者危険という）という誤りがある．

以上の手順をまとめておく．

> ☑ **検定の手順**
>
> **1** 検定しようとする仮説 H_0 を立てる．
> **2** 判定のための有意水準 α を定める．
> **3** 検定統計量 T の分布を定める．
> **4** 標本から統計量 T の実現値 t_0 を求める．
> **5** 有意水準 α と統計量 T が従う分布から限界値を求める．
> **6** 実現値 t_0 と限界値を比較して，仮説が棄却されるかどうか判断する．

検定の対象によって内容は多少異なるが，大まかな流れは変わらない．

5.2 母平均に関する検定

母平均に関する検定は，母平均の検定と母平均の差の検定との2つに分けられる．

5.2.1 母平均 μ の検定

母平均の検定には，母分散 σ^2 が既知の場合と未知の場合の2つがある．

(1) 母分散 σ^2 が既知の場合

母分散 σ^2 が既知である正規母集団 $N(\mu, \sigma^2)$ からの大きさ n の標本 $X_1, X_2, \ldots, X_n$ を抽出し標本平均 $\overline{X}$ を求めると，$\overline{X}$ は正規分布 $N\left(\mu, \dfrac{\sigma^2}{n}\right)$ に従う．これを標準化して，統計量

$$Z = \frac{\overline{X} - \mu}{\sigma/\sqrt{n}} \tag{5.1}$$

が正規分布 $N(0, 1^2)$ に従うことを利用する．

母平均に関する検定の手順（母分散 σ^2 が既知）は次のとおり．

5.2 母平均に関する検定 105

> **☑ 母平均に関する検定の手順（母分散が既知）**
>
> **1** 仮説を設定する.
>
> $$\text{帰無仮説} \quad H_0 : \mu = \mu_0$$
> $$\text{対立仮説} \quad H_1 : \mu \neq \mu_0$$
>
> **2** 有意水準 α を定める.
>
> **3** 検定統計量 Z を定める.
>
> **4** 正規分布表より有意水準 α に対応する限界値 $\lambda(\alpha)$ を求める.
>
> **5** 検定統計量 Z の実現値 z_0 を求める.
>
> - 標本平均 $\overline{x}$ を求める.
> - z_0 の値を次の式より求める.
>
> $$z_0 = \frac{\overline{x} - \mu}{\sigma / \sqrt{n}}$$
>
> **6** $|z_0|$ と限界値 $\lambda(\alpha)$ を比較して, H_0 が棄却されるかどうかを判定する.

例題 5.1 ある工場で作っている部品の重さは平均で $62\,\mathrm{g}$ で管理されている. ある日, 作られた部品の中から抽出したサンプル 30 個の重さの平均は $66\,\mathrm{g}$ であった. この日, 製造した部品の重さは変化があったといえるか. 有意水準 5% で検定せよ. なお, 母標準偏差は $9\,\mathrm{g}$ であるものとする.

[解] **1** 「部品の重さには変化がない」とする仮説を立てる.

$$\text{帰無仮説} \quad H_0 : \mu = 62$$
$$\text{対立仮説} \quad H_1 : \mu \neq 62$$

2 有意水準 $\alpha = 0.05$ とする.

3 検定統計量として,

$$Z = \frac{\overline{X} - \mu}{\sigma / \sqrt{n}}$$

を作ると, この Z は正規分布 $N(0, 1^2)$ に従う.

4 有意水準は 0.05 なので, 正規分布表から

$$P(|Z| > \lambda) = 0.05$$

を満足する限界値 $\lambda(0.05)$ を求めると, $\lambda(0.05) = 1.96$ となる.

106　第5章　検　定

5 検定統計量 Z の実現値 z_0 を求める．$n = 30$，$\overline{x} = 66$，$\sigma = 9$ を式 (5.1) に代入して，z_0 を求める．

$$z_0 = \frac{66 - 62}{9/\sqrt{30}} = 2.43$$

6 $|z_0|$ と限界値 $\lambda(0.05)$ を比較すると，

$$|z_0| = 2.43 > 1.96$$

となり，仮説 H_0 は棄却される．これより，作られた部品の重さには変化があったと考えられる．

注　有意水準 5% の検定で帰無仮説が棄却されるとき**有意である**といい，1% の検定で棄却されるときには**高度に有意である**ということがある．例題 5.1 で 1% の検定を行うと，限界値 $\lambda(0.01) = 2.58$ であるから，$|z_0| = 2.43 < 2.58$ となり帰無仮説は棄却されない．すなわち，有意であるが高度に有意ではないということになる．

(2) 母分散 σ^2 が未知の場合 1（大標本の場合）

母分散 σ^2 が未知の場合で，標本数 n が比較的大きいとき $(n \geq 30)$ には，式 (5.1) の σ を標本標準偏差 S で代用して，近似的に検定統計量を

$$Z = \frac{\overline{X} - \mu}{S/\sqrt{n}} \tag{5.2}$$

とおき，正規分布 $N(0, 1^2)$ を用いて検定することができる．

例題 5.2 1 箱 250 個入りの，ある製品の 1 山がある．1 箱に平均 12 個を超える不良品の入った箱があれば，全箱の出荷をしないことにしたい．無作為に抽出した 100 箱を検査して，不良品の数を調べたところ，平均 $\overline{x} = 12.4$ 個，標準偏差 $s = 4.12$ 個であった．出荷するかどうか，有意水準 5% で検定せよ．

[解]　母分散 σ^2 が未知であるが，標本数が $n = 100$ と大きいので，正規分布を用いて検定する．

1「不良品は 12 個である」という仮説を立てる．

帰無仮説　$H_0 : \mu = 12$

対立仮説　$H_1 : \mu > 12$

2 有意水準 $\alpha = 0.05$ とする．

3 検定統計量 Z を定める．

4 有意水準は 0.05 なので，正規分布表より右片側検定

$$P(Z > \lambda) = 0.05 \times 2 = 0.10$$

を満足する限界値 $\lambda(0.10)$ を求めると，$\lambda(0.10) = 1.64$ となる．

5 検定統計量 Z の実現値 z_0 を求める．$n = 100$，$\overline{x} = 12.4$，$s = 4.12$ を式 (5.2) に代入して，z_0 を求める．

$$z_0 = \frac{12.4 - 12}{4.12/\sqrt{100}} = 0.971$$

6 $|z_0|$ と限界値 $\lambda(0.05)$ を比較すると，

$$|z_0| = 0.971 < 1.64$$

となり，仮説 H_0 は棄却されない．すなわち，出荷できないとはいえない．

> 注 検定で仮説が棄却されなかったとしても，その仮説を必ずしも正しいと認めたわけではない．帰無仮説が採択されるということを表現すると，上記の「出荷できないとはいえない」のような言い回し方になる．

(3) 母分散 σ^2 が未知の場合 2（小標本の場合）

母分散 σ^2 が未知なので，このかわりに標本 $X_1, X_2, \ldots, X_n$ から不偏分散 U^2（または標本分散 S^2）を求めて統計量を計算する．このときの統計量を

$$T = \frac{\overline{X} - \mu}{U/\sqrt{n}} \left(= \frac{\overline{X} - \mu}{S/\sqrt{n-1}} \right) \tag{5.3}$$

とおくと，この T は自由度 $n - 1$ の t 分布に従うことを利用する．

母平均に関する検定の手順（分散 σ^2 が未知）は次のとおり．

☑ 母平均に関する検定の手順（分散が未知）

1 仮説を設定する．

$$\text{帰無仮説} \quad H_0 : \mu = \mu_0$$
$$\text{対立仮説} \quad H_1 : \mu \neq \mu_0$$

2 有意水準 α を定める．

3 検定統計量 T を定める．

4 有意水準 α に対応する限界値 $t_{n-1}(\alpha)$ を自由度 $n - 1$ の t 分布表より求める．

5 検定統計量 T の実現値 t_0 を求める．

108 第 5 章 検 定

- 標本より $\overline{x}$ および u^2（または s^2）を求める.
- $\overline{x}$ および u^2（または s^2）を式 (5.3) に代入して，t_0 を求める.

6 $|t_0|$ と限界値 $t_{n-1}(\alpha)$ を比較して，H_0 が棄却されるかどうかを判定する.

例題 5.3 ある工場から購入した部品の中から無作為に 5 個を抽出し，その寸法を検査したところ，次のとおりであった．これまで，部品の寸法は平均 35.5 mm になるよう製造されていた．部品の寸法に変化があったといえるか．有意水準 5% で検定せよ．

$$36.3 \quad 35.7 \quad 35.9 \quad 37.1 \quad 36.1$$

[解] **1** 「部品の寸法は従来と変わらない」とする仮説を立てる.

帰無仮説　$H_0 : \mu = 35.5$
対立仮説　$H_1 : \mu \neq 35.5$

2 有意水準 $\alpha = 0.05$ とする.

3 検定統計量 T を定める.

$$T = \frac{\overline{X} - \mu}{U/\sqrt{n}}$$

4 有意水準は 0.05 なので，自由度 4 の t 分布表から

$$P(|T| > t_4(0.05)) = 0.05$$

を満足する限界値 $t_4(0.05)$ を求めると，$t_4(0.05) = 2.776$ となる.

5 検定統計量 T の実現値 t_0 を求める．データの平均値 $\overline{x}$ と不偏分散 u^2 を求める.

$$\overline{x} = \frac{36.3 + 35.7 + 35.9 + 37.1 + 36.1}{5} = \frac{181.1}{5} = 36.22$$
$$u^2 = \frac{1}{4}\left\{ (36.3^2 + 35.7^2 + 35.9^2 + 37.1^2 + 36.1^2) - \frac{181.1^2}{5} \right\} = 0.292$$

$$\therefore \ u = 0.54$$

式 (5.3) に $n = 5$，$\overline{x} = 36.22$，$u = 0.54$ を代入して t_0 を求める.

$$t_0 = \frac{36.22 - 35.5}{0.54/\sqrt{5}} = 2.981$$

6 $|t_0|$ と限界値 $t_4(0.05)$ と比較すると，

5.2 母平均に関する検定　109

$$|t_0| = 2.981 > 2.776$$

となり，仮説 H_0 は棄却される．すなわち，部品の寸法の平均は変わったと考えられる．

5.2.2　母平均の差の検定

2つの標本の母平均の間に有意な差があるかどうかを調べる問題は，実用上重要である．たとえば，A，B 2 社から購入した同じ品目の原材料から作られる製品の品質の差の有無を検証したい場合などである．

ここでは，(1) 2つの母分散 σ_1^2, σ_2^2 が既知である場合，(2) 未知であるが等しい $(\sigma_1^2 = \sigma_2^2)$ 場合，および (3) 2つの標本に対応のある場合について説明する．

(1) 2つの母分散 σ_1^2, σ_2^2 が既知である場合

母分散 σ_1^2, σ_2^2 が既知である 2 つの正規母集団 $N(\mu_1, \sigma_1^2)$, $N(\mu_2, \sigma_2^2)$ から抽出した，それぞれの大きさ n_1, n_2 の標本の平均を $\overline{X}_1$, $\overline{X}_2$ とすると，$\overline{X}_1$ は $N\left(\mu_1, \dfrac{\sigma_1^2}{n_1}\right)$ に従い，$\overline{X}_2$ は $N\left(\mu_2, \dfrac{\sigma_2^2}{n_2}\right)$ に従う．したがって，2つの標本平均の差 $\overline{X}_1 - \overline{X}_2$ の分布は

$$\text{平均}\quad \mu_1 - \mu_2, \qquad \text{分散}\quad \frac{\sigma_1^2}{n_1} + \frac{\sigma_2^2}{n_2}$$

の正規分布に従う．そこで，

$$\text{帰無仮説}\quad H_0 : \mu_1 = \mu_2$$
$$\text{対立仮説}\quad H_1 : \mu_1 \neq \mu_2$$

を検定するには，この仮説のもとに，統計量

$$Z = \frac{\overline{X}_1 - \overline{X}_2}{\sqrt{\dfrac{\sigma_1^2}{n_1} + \dfrac{\sigma_2^2}{n_2}}} \tag{5.4}$$

が正規分布 $N(0, 1^2)$ に従うことを利用する．

☑ **母平均の差の検定の手順（σ_1^2, σ_2^2 が既知の場合）**

1 仮説を設定する．

$$\text{帰無仮説}\quad H_0 : \mu_1 = \mu_2$$

110 第 5 章 検 定

対立仮説　$H_1 : \mu_1 \neq \mu_2$

2 有意水準 α を定める.

3 検定統計量 Z を定める.

4 有意水準 α に対応する Z の限界値 $\lambda(\alpha)$ を正規分布表より求める.

5 検定統計量 Z の実現値 z_0 を求める.

- 標本より平均値 $\overline{x}_1$, $\overline{x}_2$ を求める.
- 式 (5.4) に, n_1, n_2, x_1, x_2 および σ_1^2, σ_2^2 を代入し, z_0 を求める.

6 $|z_0|$ と限界値 $\lambda(\alpha)$ を比較して, H_0 が棄却されるかどうかを判定する.

例題 5.4 A と B, 2 社の同じ種類の製品を, 店頭から無作為に 10 個抽出してその重量を測定し, 次の結果を得た. A, B 両社の製品の重量の母平均に差があるか, 有意水準 1% で検定せよ. ただし, A, B 両社のこの製品の重量は, それぞれ標準偏差が 0.7, 0.9 の正規分布に従っている.

A 社　155　154　153　153　154　153　153　152　154　153
B 社　152　153　153　153　151　153　152　154　152　151

- -

[解]　**1** 「A, B 両社の製品の重量の母平均に差がない」という仮説を立てる.

帰無仮説　$H_0 : \mu_A = \mu_B$
対立仮説　$H_1 : \mu_A \neq \mu_B$

2 有意水準 $\alpha = 0.01$ とする.

3 検定統計量 Z は

$$Z = \frac{\overline{X}_A - \overline{X}_B}{\sqrt{\dfrac{\sigma_A^2}{n_A} + \dfrac{\sigma_B^2}{n_B}}} \tag{5.5}$$

4 有意水準を 0.01 としたときの限界値 $\lambda(0.01)$ を正規分布表より求める.

$$\lambda(0.01) = 2.58$$

5 検定統計量 Z の実現値 z_0 を求める. A, B 両社の製品の重量の平均値 $\overline{x}_A$, $\overline{x}_B$ を求める.

$$\overline{x}_A = \frac{1534}{10} = 153.4$$

$$\overline{x}_B = \frac{1524}{10} = 152.4$$

式 (5.5) の Z に n_A, n_B, $\overline{x}_A$, $\overline{x}_B$ および σ_A^2, σ_B^2 を代入し，z_0 を求める．

$$z_0 = \frac{153.4 - 152.4}{\sqrt{\dfrac{0.49}{10} + \dfrac{0.81}{10}}} = 2.774$$

6 $|z_0|$ と限界値 $\lambda(0.01)$ とを比較すると，

$$|z_0| = 2.774 > 2.58$$

となり，高度に有意で仮説 H_0 は棄却される．すなわち，A，B 両社の製品の重量の母平均には有意に差がある．

(2) 2 つの母分散 σ_1^2，σ_2^2 が未知で等しい場合

母分散が既知で等しいとき，すなわち $\sigma_1^2 = \sigma_2^2 = \sigma^2$ のときは，統計量の式 (5.4) は

$$Z = \frac{\overline{X}_1 - \overline{X}_2}{\sigma\sqrt{\dfrac{1}{n_1} + \dfrac{1}{n_2}}}$$

となる．ここでは母分散が未知で等しいので，2 つの正規母集団から抽出した大きさ n_1，n_2 の標本を合わせて，両方に共通な母分散 σ^2 の推定量である不偏分散 U^2 を求め，これを用いる．すなわち，

$$T = \frac{\overline{X}_1 - \overline{X}_2}{U\sqrt{\dfrac{1}{n_1} + \dfrac{1}{n_2}}} \tag{5.6}$$

とすると，この統計量 T は自由度 $n_1 + n_2 - 2$ の t 分布に従うことが知られている．ここで，

$$U^2 = \frac{n_1 S_1^2 + n_2 S_2^2}{n_1 + n_2 - 2} \tag{5.7}$$

であり，S_1^2，S_2^2 は標本分散である．

☑ **母平均の差の検定の手順（σ_1^2，σ_2^2 が未知で等しい場合）**

1 仮説を設定する．

帰無仮説　$H_0 : \mu_1 = \mu_2$

112　第 5 章　検　定

対立仮説　$H_1 : \mu_1 \neq \mu_2$

2 有意水準 α を定める.

3 検定統計量 T を定める.

4 有意水準 α に対応する T の限界値 $t_{n_1+n_2-2}(\alpha)$ を自由度 $n_1 + n_2 - 2$ の t 分布表より求める.

5 検定統計量 T の実現値 t_0 を求める.

- 標本より $\overline{x}_1$, $\overline{x}_2$ および分散 s_1^2, s_2^2 を求める.
- 共通な不偏分散 u^2 を式 (5.7) より求める.

$$u^2 = \frac{n_1 s_1^2 + n_2 s_2^2}{n_1 + n_2 - 2}$$

$\overline{x}_1$, $\overline{x}_2$ および u^2 を式 (5.6) に代入して t_0 を求める.

6 $|t_0|$ と限界値 $t_{n_1+n_2-2}(\alpha)$ を比較して, H_0 が棄却されるかどうかを判定する.

例題 5.5 A と B, 2 種類の野菜を同じ条件のもとで栽培し, 収穫時に地上部分の重さ [kg] を測定したところ, 次の値が得られた.

A　　3.6　3.1　3.7　3.3　3.2
B　　3.1　2.3　2.9　2.4　3.3　3.0

この 2 つの種類の野菜の収穫量に差が認められるか, 有意水準 5% で検定せよ. ただし, A と B, 2 つの母分散は等しいものとする.

[解]　**1** 「2 種類の野菜の収穫量に差はない」とする仮説を立てる.

帰無仮説　$H_0 : \mu_A = \mu_B$
対立仮説　$H_1 : \mu_A \neq \mu_B$

2 有意水準 $\alpha = 0.05$ とする.

3 検定統計量は, 自由度 $5 + 6 - 2 = 9$ の t 分布に従う.

4 有意水準 0.05 のときの T の限界値は, 自由度 9 の t 分布表から

$$t_9(0.05) = 2.262$$

となる.

5 A, B について, それぞれの平均値 $\overline{x}_A$, $\overline{x}_B$ および分散 s_A^2, s_B^2 を求める.

$$\overline{x}_{\mathrm{A}} = \frac{3.6 + 3.1 + 3.7 + 3.3 + 3.2}{5} = 3.38$$

$$\overline{x}_{\mathrm{B}} = \frac{3.1 + 2.3 + 2.9 + 2.4 + 3.3 + 3.0}{6} = 2.83$$

$$s_{\mathrm{A}}^2 = \frac{3.6^2 + 3.1^2 + 3.7^2 + 3.3^2 + 3.2^2}{5} - 3.38^2 = 0.0536$$

$$s_{\mathrm{B}}^2 = \frac{3.1^2 + 2.3^2 + 2.9^2 + 2.4^2 + 3.3^2 + 3.0^2}{6} - 2.83^2 = 0.1511$$

A，B の標本を合わせて，共通な不偏分散 u^2 を求める．

$$u^2 = \frac{5 \times 0.0536 + 6 \times 0.1511}{5 + 6 - 2} = \frac{1.1746}{9} = 0.1305$$

よって，$u = 0.361$ なので，統計量 T の実現値は次のようになる．

$$t_0 = \frac{3.38 - 2.83}{0.361\sqrt{\dfrac{1}{5} + \dfrac{1}{6}}} = 2.52$$

6 $|t_0|$ を限界値 $t_9(0.05)$ と比較すると，

$$|t_0| = 2.52 > 2.262$$

となり，仮説 H_0 は棄却される．すなわち，2 つの種類の野菜の収穫量に差が認められる．

(3) 2 つの標本に対応がある場合

たとえば，食前と食後で測定した血圧値など，2 つずつ対になっている n 組の標本をとり，これを $(x_1, y_1), (x_2, y_2), \dots, (x_n, y_n)$ とする．この場合，各組の間は独立であるが，各組の内部では x_i と y_i は独立でなく対応している．表 5.1 のように，その対応する 1 組 (x_i, y_i) の差を $d_i = x_i - y_i$ とするとき，x_i と y_i の平均値に差がないかどうか，すなわち，差 d_i の平均値が 0 に等しいかどうかということを検定する．このとき，分散が未知の場合の自由度 $n-1$ の t 分布を用いる．

表 5.1　対応のあるデータ

組番号	1	2	$\cdots$	n	計
測定値 x	x_1	x_2	$\cdots$	x_n	—
測定値 y	y_1	y_2	$\cdots$	y_n	—
差 $d = x - y$	d_1	d_2	$\cdots$	d_n	$\displaystyle\sum_{i=1}^{n} d_i$
d^2	d_1^2	d_2^2	$\cdots$	d_n^2	$\displaystyle\sum_{i=1}^{n} d_i^2$

114   第5章 検　定

この検定の手順は次のとおりである.

☑ 母平均の差の検定の手順（2 つの標本に対応がある場合）

表 5.1 を作り，対応のあるデータの各組の差 d および d^2 を求める.

1 「差がない」という仮説を立てる.

帰無仮説　$H_0 : \mu_d = 0$

対立仮説　$H_1 : \mu_d \neq 0$

2 有意水準 α を定める.

3 検定統計量 T を定める. T は自由度 $n-1$ の t 分布に従う.

4 表 5.1 から，差 d の平均値 $\overline{d}$ および不偏分散 u_d^2 を求める.

$$\overline{d} = \frac{1}{n} \sum_{i=1}^{n} d_i$$

$$u_d^2 = \frac{1}{n-1} \left\{ \sum_{i=1}^{n} d_i^2 - \frac{1}{n} \left(\sum_{i=1}^{n} d_i \right)^2 \right\}$$

5 検定統計量 T の実現値 t_0 を求める.

$$t_0 = \frac{\overline{d}}{u_d/\sqrt{n}} \tag{5.8}$$

6 有意水準 α のときの，限界値 $t_{n-1}(\alpha)$ を自由度 $n-1$ の t 分布表から求める.

7 $|t_0|$ と限界値を比較する.

$|t_0| \geq t(\alpha)$ ならば仮説 H_0 は棄却される.

$|t_0| < t(\alpha)$ ならば仮説 H_0 は棄却されない.

例題 5.6 ある部品を 10 個選び，これを A と B，2 人の作業者に同一条件で測定させたところ，表 5.2 のような結果を得た. A と B，2 人の測定値に差があるとみられるか，有意水準 5% で検定せよ.

5.2 母平均に関する検定　115

表 5.2

部品番号	1	2	3	4	5	6	7	8	9	10
A	41.5	41.0	40.8	41.2	41.0	41.3	41.5	40.5	41.6	41.1
B	40.4	40.5	41.0	41.3	40.6	41.2	40.6	40.9	40.8	40.9

[解]　表 5.3 の補助表を作成し，差 d および d^2 を求める.

1 「A と B，2 人の測定値に差がない」という仮説を立てる.

$$\text{帰無仮説}\quad H_0 : \mu_d = 0$$
$$\text{対立仮説}\quad H_1 : \mu_d \neq 0$$

2 有意水準 $\alpha = 0.05$ とする.

3 検定統計量 T を定める.

4 表 5.3 より，差 d の平均値 $\overline{d}$ および不偏分散 u_d^2 とその標準偏差 u_d を求める.

$$\overline{d} = \frac{3.3}{10} = 0.33$$

$$u_d^2 = \frac{1}{10-1}\left(3.33 - \frac{3.3^2}{10}\right) = 0.249$$

$$\therefore\ u_d = \sqrt{u_d^2} = 0.4990$$

5 検定統計量 T の実現値 t_0 を求めると，式 (5.8) から

$$t_0 = \frac{0.33}{0.4990/\sqrt{10}} = 2.091$$

6 有意水準を 0.05 としたときの限界値 $t_9(0.05)$ は，自由度 9 の t 分布表から

$$t_9(0.05) = 2.262$$

となる.

7 $|t_0|$ と限界値を比較すると $|t_0| = 2.091 < 2.262$ となり，仮説 H_0 は棄却されない.よって，作業者 A，B の測定値に差があるとはいえない.

表 5.3　補助表

部品番号	1	2	3	4	5	6	7	8	9	10	計
A	41.5	41.0	40.8	41.2	41.0	41.3	41.5	40.5	41.6	41.1	
B	40.4	40.5	41.0	41.3	40.6	41.2	40.6	40.9	40.8	40.9	
差 d	1.1	0.5	−0.2	−0.1	0.4	0.1	0.9	−0.4	0.8	0.2	3.3
d^2	1.21	0.25	0.04	0.01	0.16	0.01	0.81	0.16	0.64	0.04	3.33

116   第 5 章 検 定

5.3   分散比の検定

5.2.2 (2) 項の例題 5.5 では「2 つの母分散が等しい」ことがわかっており，これに対応する共通の不偏分散 U^2 を 2 つの標本を合わせて全標本から求めたが，一般に，合わせられるのは 2 つの標本の母分散に有意差がないときである．したがって，2 つの母分散 σ_1^2，σ_2^2 が未知の場合には，最初に 2 つの標本の母分散に有意差がないかどうかを，分散比（等分散）の検定を行い確かめておく必要がある．もし有意差があれば，2 つのデータを合わせた不偏分散は求められないので，この平均値の差の検定はできないことになる．

そこで分散比の検定について述べておこう．母分散の検定は 5.4 節で述べる．

2 つの正規母集団 $N(\mu_1, \sigma_1^2)$，$N(\mu_2, \sigma_2^2)$ からのそれぞれの大きさ n_1，n_2 の標本を $(X_1, X_2, \ldots, X_{n_1})$，$(Y_1, Y_2, \ldots, Y_{n_2})$ とする．その不偏分散 U_1^2，U_2^2 を求めると，

$$U_1^2 = \frac{1}{n_1 - 1} \sum_{i=1}^{n_1} (X_i - \overline{X})^2$$

$$U_2^2 = \frac{1}{n_2 - 1} \sum_{i=1}^{n_2} (Y_i - \overline{Y})^2$$

となる．このとき，統計量

$$F = \frac{U_1^2/\sigma_1^2}{U_2^2/\sigma_2^2}$$

は自由度 $(n_1 - 1, n_2 - 1)$ の F 分布に従う．

ここで，

帰無仮説　$H_0 : \sigma_1^2 = \sigma_2^2$

対立仮説　$H_1 : \sigma_1^2 \neq \sigma_2^2$

を立てると，この仮説のもとでは統計量

$$F = \frac{U_1^2}{U_2^2} \qquad (F > 1 となるようにする) \tag{5.9}$$

は自由度 $(n_1 - 1, n_2 - 1)$ の F 分布に従うので，この仮説の検定ができる．

なお，有意水準 α に対応する限界値 $k = F_{n_2-1}^{n_1-1}\left(\dfrac{\alpha}{2}\right)$ を

$$P(F > k) = \frac{\alpha}{2}$$

となるように定めて，F の実現値 F_0 が

$$F_0 \geq k \text{ ならば仮説 } H_0 \text{ は棄却される}$$
$$F_0 < k \text{ ならば仮説 } H_0 \text{ は棄却されない}$$

とする．両側検定だが，$F > 1$ となっているので，上側のみを調べればよい．

☑ 分散比の検定の手順

1 仮説を設定する．

$$\text{帰無仮説 } \quad H_0 : \sigma_1^2 = \sigma_2^2$$
$$\text{対立仮説 } \quad H_1 : \sigma_1^2 \neq \sigma_2^2$$

2 有意水準 α を定める．

3 検定統計量 F を定める．

4 2つの標本について，それぞれの不偏分散 U_1^2，U_2^2 を求める．

$$U_1^2 = \frac{1}{n_1 - 1} \sum_{i=1}^{n_1} (X_i - \overline{X})^2$$

$$U_2^2 = \frac{1}{n_2 - 1} \sum_{i=1}^{n_2} (Y_i - \overline{Y})^2$$

5 検定統計量として2つの不偏分散比 F_0 を求める．

（$F_0 > 1$ となるように，不偏分散の大きいほうを分子にとる）

$$U_1^2 > U_2^2 \text{ のとき } \quad F_0 = \frac{U_1^2}{U_2^2}$$

（自由度 $(n_1 - 1, n_2 - 1)$ の F 分布に従う）

$$U_1^2 < U_2^2 \text{ のとき } \quad F_0 = \frac{U_2^2}{U_1^2}$$

（自由度 $(n_2 - 1, n_1 - 1)$ の F 分布に従う）

6 有意水準 α のときの限界値 k を F 分布表より求める．

$$U_1^2 > U_2^2 \text{ のとき } \quad k = F_{n_2-1}^{n_1-1}\left(\frac{\alpha}{2}\right)$$

$$U_1^2 < U_2^2 \text{ のとき } \quad k = F_{n_1-1}^{n_2-1}\left(\frac{\alpha}{2}\right)$$

118　第5章　検　定

7 F_0 と限界値 k を比較する.

$$F_0 \geq k \text{ ならば, 仮説 } H_0 \text{ は棄却される.}$$
$$F_0 < k \text{ ならば, 仮説 } H_0 \text{ は棄却されない.}$$

例題 5.7 2つの工程 A, B で生産されている同種の部品の, ある特性値は次のとおりであった. A, B 両工程の部品の特性値の平均に差があるといえるか. 有意水準 5% で検定せよ.

A	1.41	1.50	1.59	1.51	1.32	1.54	1.56
B	1.45	1.67	1.58	1.47	1.62	1.55	1.72

[解]　A, B の母分散 σ_A^2, σ_B^2 が未知なので, 最初に分散比の検定をする.

(i) 分散比の検定

1 「A, B の母分散は等しい」という仮説を立てる.

$$\text{帰無仮説　} H_0 : \sigma_A^2 = \sigma_B^2$$
$$\text{対立仮説　} H_1 : \sigma_A^2 \neq \sigma_B^2$$

2 有意水準 $\alpha = 0.05$ とする.

3 検定統計量 F を定める.

4 A, B の標本平均 $\overline{x}_A$, $\overline{x}_B$ および不偏分散 u_A^2, u_B^2 を求める.

$$\overline{x}_A = \frac{10.43}{7} = 1.49$$

$$\overline{x}_B = \frac{11.06}{7} = 1.58$$

$$\begin{aligned}
u_A^2 &= \frac{1}{6}(1.41^2 + 1.50^2 + 1.59^2 + 1.51^2 + 1.32^2 + 1.54^2 + 1.56^2 \\
&\quad - 7 \times 1.49^2) \\
&= 0.008867
\end{aligned}$$

$$\begin{aligned}
u_B^2 &= \frac{1}{6}(1.45^2 + 1.67^2 + 1.58^2 + 1.47^2 + 1.62^2 + 1.55^2 + 1.72^2 \\
&\quad - 7 \times 1.58^2) \\
&= 0.009867
\end{aligned}$$

5 検定統計量として, 2つの不偏分散比 F_0 を求める. $u_A^2 < u_B^2$ なので, 分子に u_B^2 をとる.

$$F_0 = \frac{0.009867}{0.008867} = 1.113$$

6 有意水準 0.05 のときの限界値 k を自由度 $(6, 6)$ の F 分布表より求める.

$$k = F_6^6(0.025) = 5.82$$

7 F_0 と限界値 k を比較すると

$$F_0 = 1.113 < 5.82$$

となり,仮説 H_0 は棄却されない.

σ_A^2 と σ_B^2 とに有意差はみられなかったので,次に母平均の差の検定を行う.

(ii) 母平均の差の検定

1 A,B 両工程の部品の特性値の平均に差がないという仮説を立てる.

帰無仮説 $H_0 : \mu_A = \mu_B$

対立仮説 $H_1 : \mu_A \neq \mu_B$

2 有意水準 $\alpha = 0.05$ とする.

3 検定統計量 T は自由度 $7 + 7 - 2 = 12$ の t 分布に従う.

4 有意水準を 0.05 としたときの T の限界値を,自由度 12 の t 分布表より求める.

$$t_{12}(0.05) = 2.179$$

5 検定統計量 T の実現値 t_0 を求める.A,B の標本平均 $\overline{x}_A$, $\overline{x}_B$ および標本分散 s_A^2, s_B^2 を求める.

$$\overline{x}_A = \frac{10.43}{7} = 1.49$$

$$\overline{x}_B = \frac{11.06}{7} = 1.58$$

$$s_A^2 = \frac{n_A - 1}{n_A} u_A^2 = \frac{6}{7} \times 0.008867 = 0.007600$$

$$s_B^2 = \frac{n_B - 1}{n_B} u_B^2 = \frac{6}{7} \times 0.009867 = 0.008457$$

2 つの標本 A,B に共通な不偏分散 u^2 と標準偏差 u を式 (5.7) より求める.

$$u^2 = \frac{n_A s_A^2 + n_B s_B^2}{n_A + n_B - 2} = \frac{7 \times 0.007600 + 7 \times 0.008457}{7 + 7 - 2}$$

$$= 0.009367$$

$$\therefore \ u = \sqrt{0.009366} = 0.0968$$

120 第5章 検 定

$\overline{x}_A$, $\overline{x}_B$ および u を式 (5.6) に代入して t_0 を求める.

$$t_0 = \frac{1.49 - 1.58}{0.0968\sqrt{1/7 + 1/7}} = -1.739$$

6 $|t_0|$ と限界値 $t_{12}(0.05)$ を比較すると $|t_0| = 1.739 < 2.179$ となり,仮説 H_0 は棄却されない.すなわち,A,B 両工程の部品の特性値の平均に有意差がないとみられる.

注 なお,分散比の検定の結果,2 つの分散に有意差があるといえるときの母平均の差の検定の方法として **Welch の方法**があるが,ここでは省略する.

5.4 母分散の検定

母分散の検定には,母平均 μ が既知の場合と未知の場合の 2 つがある.

5.4.1 母平均 μ が既知の場合

正規母集団 $N(\mu, \sigma^2)$ から抽出した無作為標本を $X_1, X_2, \ldots, X_n$ とする.母平均 μ が既知なので,統計量

$$S_0^2 = \frac{1}{n} \sum_{i=1}^{n} (X_i - \mu)^2$$

に対して,仮説

$$H_0 : \sigma^2 = \sigma_0^2 \quad [H_1 : \sigma^2 \neq \sigma_0^2]$$

のもとで,統計量

$$\chi^2 = \frac{nS_0^2}{\sigma_0^2} \tag{5.10}$$

を作ると,これが自由度 n の χ^2 分布に従う.これを利用して検定を行う.

☑ **母分散の検定の手順(母平均が既知の場合)**

1 仮説を立てる.

帰無仮説 $H_0 : \sigma^2 = \sigma_0^2$
対立仮説 $H_1 : \sigma^2 \neq \sigma_0^2$

2 標本の分散 s_0^2 を求める.

$$s_0^2 = \frac{1}{n} \sum_{i=1}^{n} (x_i - \mu)^2$$

3 有意水準 α を定める.

4 検定統計量 χ^2 の実現値 χ_0^2 を求める.

$$\chi_0^2 = \frac{n s_0^2}{\sigma_0^2}$$

χ^2 は自由度 n の χ^2 分布に従う.

5 有意水準が α のときの限界値 k_1, k_2 を自由度 n の χ^2 分布表から求める.

$$k_1 = \chi_n^2\left(1 - \frac{\alpha}{2}\right), \qquad k_2 = \chi_n^2\left(\frac{\alpha}{2}\right)$$

6 χ_0^2 と限界値を比較する.

$\chi_0^2 \leq k_1$ または $\chi_0^2 \geq k_1$ のとき，仮説 H_0 は棄却される.

$k_1 < \chi_0^2 < k_2$ のとき，仮説 H_0 は棄却されない.

例題 5.8 ある製品のカタログには，その特性値の平均は 20.0，標準偏差は 1.2 と書かれてある．確認のために 10 個のサンプルをとり測定したところ，次のとおりであった．この製品の分散はカタログと異なっているか，有意水準 5% で検定せよ．

$$18.5 \quad 20.3 \quad 19.5 \quad 19.9 \quad 21.0 \quad 20.9 \quad 19.2 \quad 21.1 \quad 20.1 \quad 19.0$$

[解] **1** 「製品の分散はカタログと差がない」という仮説を立てる.

帰無仮説　$H_0 : \sigma^2 = 1.2^2$

対立仮説　$H_1 : \sigma^2 \neq 1.2^2$

2 サンプルの分散 s_0^2 を求める.

$$s_0^2 = \frac{1}{10}\left\{(18.5 - 20.0)^2 + (20.3 - 20.0)^2 + \cdots + (19.0 - 20.0)^2\right\}$$

$$= 0.727$$

3 有意水準 $\alpha = 0.05$ とする.

4 検定統計量 χ^2 の実現値 χ_0^2 を求める.

122　第 5 章　検　定

$$\chi_0^2 = \frac{10 \times 0.727}{1.2^2} = 5.05$$

5 有意水準 0.05 のときの限界値 k_1, k_2 を自由度 10 の χ^2 分布表から求める.

$$k_1 = \chi_{10}^2(0.975) = 3.247, \qquad k_2 = \chi_{10}^2(0.025) = 20.48$$

6 χ_0^2 と限界値を比較すると

$$3.247 < \chi_0^2 < 20.48$$

となり, 仮説 H_0 は棄却されない. すなわち, 製品の分散はカタログと差があるとはいえない.

5.4.2　母平均 μ が未知の場合

母平均 μ が未知の場合には, かわりに標本平均を使って検定を行う.

✅ 母分散の検定の手順（母平均が未知の場合）

1 仮説を立てる.

$$\text{帰無仮説} \quad H_0 : \sigma^2 = \sigma_0^2$$
$$\text{対立仮説} \quad H_1 : \sigma^2 \neq \sigma_0^2$$

2 大きさ n の標本 $x_1, x_2, \dots, x_n$ から標本平均 $\overline{x}$ および標本分散 s^2 を求める.

$$\overline{x} = \frac{1}{n} \sum_{i=1}^{n} x_i, \qquad s^2 = \frac{1}{n} \sum_{i=1}^{n} (x_i - \overline{x})^2$$

3 有意水準 α を定める.

4 検定統計量 χ^2 の実現値 χ_0^2 を求める.

$$\chi_0^2 = \frac{ns^2}{\sigma_0^2} \tag{5.11}$$

χ^2 は自由度 $n-1$ の χ^2 分布に従う.

5 有意水準 α のときの限界値 k_1, k_2 を自由度 $n-1$ の χ^2 分布表から求める.

$$k_1 = \chi_{n-1}^2\left(1 - \frac{\alpha}{2}\right), \qquad k_2 = \chi_{n-1}^2\left(\frac{\alpha}{2}\right)$$

6 χ_0^2 と限界値を比較する.

$$\chi_0^2 \leq k_1 \text{ または } \chi_0^2 \geq k_1 \text{ のとき, 仮説 } H_0 \text{ は棄却される.}$$
$$k_1 < \chi_0^2 < k_2 \text{ のとき, 仮説 } H_0 \text{ は棄却されない.}$$

例題 5.9 これまで工場で作られてきた丸棒の直径についての分散は $0.12\,\text{mm}^2$ であった. このたび新しく採用した方法で作った丸棒からランダムに 10 個とってその分散を調べたところ, $0.08\,\text{mm}^2$ であった. 新しい方法では分散が小さくなったといえるか. 有意水準 5% で検定せよ.

[解] **1** 「新しい方法では分散に変わりはない」という仮説を立てる.

$$\text{帰無仮説} \quad H_0 : \sigma^2 = 0.12$$
$$\text{対立仮説} \quad H_1 : \sigma^2 < 0.12$$

2 ここで, $n = 10$, $s^2 = 0.08$ である.

3 有意水準 $\alpha = 0.05$ とする.

4 検定統計量 χ^2 の実現値 χ_0^2 を求める.

$$\chi_0^2 = \frac{10 \times 0.08}{0.12} = 6.67$$

5 有意水準 0.05 のときの限界値 k を自由度 9 の χ^2 分布表から求める.

$$k = \chi_9^2(0.95) = 3.325$$

6 χ_0^2 と限界値を比較すると,

$$3.325 < \chi_0^2$$

となり, 仮説 H_0 は棄却されない. すなわち, 新しい方法では分散は小さくなったとはいえない.

5.5 相関係数の検定

標本から得られた相関係数の値がたとえば $r = \pm 1$ に近いからといって, 必ずしも x と y との間に高度な相関があるとはいえず, また逆に, $r = 0$ に近い場合にも相関がないとはいえない. そこで, 標本から得られた相関係数 r をもとに, 母集団の相関の有無を正しく判断するための有意性の検定の方法について述べる.

(X, Y) が 2 変数の正規分布に従い, その母相関係数が ρ であるとする. この母集団

124 第5章 検　定

から抽出した大きさ n 組 $(n \geq 3)$ の標本 $(X_1, Y_1), (X_2, Y_2), \ldots, (X_n, Y_n)$ の標本相関係数を R とすると，

$$R = \frac{\dfrac{1}{n}\sum_{i=1}^{n}(X_i - \overline{X})(Y_i - \overline{Y})}{\sqrt{\dfrac{1}{n}\sum_{i=1}^{n}(X_i - \overline{X})^2}\sqrt{\dfrac{1}{n}\sum_{i=1}^{n}(Y_i - \overline{Y})^2}} \tag{5.12}$$

である．このとき，以下の関係が成り立つ．

1. 母相関係数 $\rho = 0$ の場合，統計量

$$T = \sqrt{n-2}\,\frac{R}{\sqrt{1-R^2}} \tag{5.13}$$

は自由度 $n-2$ の t 分布に従う．これを利用して「無相関 $\rho = 0$ の検定」を行うことができる．

2. 母相関係数 $\rho \neq 0$ の場合，

$$Z = \frac{1}{2}\log_e\frac{1+R}{1-R}, \qquad s = \frac{1}{2}\log_e\frac{1+\rho}{1-\rho} \tag{5.14}$$

と変換すると，n が大きければ $(n \geq 10)$，Z は近似的に正規分布 $N\left(s, \dfrac{1}{n-3}\right)$ に従う．これを用いて「母相関係数 $\rho = \rho_0$ の検定」を行うことができる．

5.5.1　母相関係数 $\rho = 0$ の検定

☑ **母相関係数 $\rho = 0$ の検定の手順**

1 「X と Y の間に相関はない」という仮説を立てる．

$$\text{帰無仮説}\quad H_0 : \rho = 0$$
$$\text{対立仮説}\quad H_1 : \rho \neq 0$$

2 有意水準 α を定める．

3 標本より相関係数 R を求める．

4 検定統計量 T の実現値 t_0 を求める．

$$t_0 = \sqrt{n-2}\,\frac{R}{\sqrt{1-R^2}}$$

5.5 相関係数の検定　125

5 有意水準 α のときの t の限界値 $t_{n-2}(\alpha)$ を，自由度 $n-2$ の t 分布表より求める．

6 $|t_0|$ と限界値を比較する．

$$|t_0| \geq t(\alpha) \text{ ならば，仮説 } H_0 \text{ は棄却される．}$$
$$|t_0| < t(\alpha) \text{ ならば，仮説 } H_0 \text{ は棄却されない．}$$

例題 5.10 ある化学工業において，原料の 2 つの特性 x, y の関係を調べるために，30 個の試料を抽出し相関係数を求めたところ，$r = 0.38$ であった．この原料の特性間に相関があるといえるか．有意水準 5% で検定せよ．

[解]　**1** 「原料の特性間には相関がない」という仮説を立てる．

帰無仮説　$H_0 : \rho = 0$
対立仮説　$H_1 : \rho \neq 0$

2 有意水準 $\alpha = 0.05$ とする．

3 $n = 30$, 相関係数 $r = 0.38$ である．

4 検定統計量 T の実現値 t_0 を求める．

$$t_0 = \sqrt{30 - 2}\, \frac{0.38}{\sqrt{1 - 0.38^2}} = 2.17$$

5 有意水準 0.05 のときの自由度 $30 - 2 = 28$ の t 分布表より，t の限界値は

$$t_{28}(0.05) = 2.048$$

となる．

6 $|t_0|$ と限界値を比較すると，$|t_0| = 2.17 > 2.048$ となり，仮説 H_0 は棄却される．すなわち，原料の特性間に相関があるとみられる．

126   第5章 検　定

5.5.2　母相関係数 $\rho = \rho_0 \ (\neq 0)$ の検定

> ☑ **母相関係数 $\rho = \rho_0 \ (\neq 0)$ の検定の手順**
>
> **1**「母相関係数 ρ がある値 ρ_0 に等しい」という仮説を立てる.
>
> $$\text{帰無仮説} \quad H_0 : \rho = \rho_0$$
> $$\text{対立仮説} \quad H_1 : \rho \neq \rho_0$$
>
> **2** 有意水準 α を定める.
>
> **3** 標本より相関係数 R を求める.
>
> **4** z 変換を行う. n が大きいとき,
>
> $$Z = \frac{1}{2} \log_e \frac{1+R}{1-R}, \qquad s = \frac{1}{2} \log_e \frac{1+\rho}{1-\rho}$$
>
> とおくと, 統計量 Z は, 近似的に正規分布 $N\left(s, \dfrac{1}{n-3}\right)$ に従う.
>
> **5** 検定統計量を
>
> $$U = \frac{Z - s}{\sqrt{1/(n-3)}} \tag{5.15}$$
>
> と定めると, U は正規分布 $N(0, 1^2)$ に従う.
>
> **6** 検定統計量 U の実現値 u_0 を求める.
>
> $$u_0 = \frac{z - s}{\sqrt{1/(n-3)}}$$
>
> **7** 有意水準 α のときの u の限界値 $\lambda(\alpha)$ を正規分布表から求める.
>
> **8** $|u_0|$ と限界値 $\lambda(\alpha)$ を比較すると
>
> $$|u_0| \geq \lambda(\alpha) \ \text{ならば, 仮説 } H_0 \text{ は棄却される.}$$
> $$|u_0| < \lambda(\alpha) \ \text{ならば, 仮説 } H_0 \text{ は棄却されない.}$$

例題 5.11 ある高校では, 毎年新入生に対し同じ問題で英語と数学のテストを行っていて, その相関係数は 0.38 であるという. 本年度の新入生 300 人について行ったテストの相関係数は $r = 0.43$ であった. 本年度は例年より相関が強いといえるか.

[解] **1** 「母相関係数 ρ が 0.38 に等しい」という仮説を立てる.

帰無仮説　$H_0 : \rho = 0.38$
対立仮説　$H_1 : \rho > 0.38$

2 有意水準 $\alpha = 0.05$ とする.

3 $n = 300$, 相関係数 $r = 0.43$ である.

4 z 変換を行うと, 次のようになる

$$z = \frac{1}{2} \log_e \frac{1 + 0.43}{1 - 0.43} = 0.46, \qquad s = \frac{1}{2} \log_e \frac{1 + 0.38}{1 - 0.38} = 0.40$$

5 検定統計量 U を定める. この U は正規分布 $N(0, 1^2)$ に従う.

6 検定統計量 U の実現値 u_0 を求める.

$$u_0 = \frac{0.46 - 0.40}{\sqrt{1/(300 - 3)}} = 1.03$$

7 対立仮説 $H_1 : \rho > 0.38$ なので右片側検定となる. したがって, 有意水準 5% のとき正規分布表より限界値は $\lambda(0.10) = 1.645$ となる.

8 ゆえに, $|u_0| = 1.03 < 1.645$ となり, 仮説 H_0 は棄却されない. すなわち, 本年度は例年よりも相関が強いとはいえない.

5.6　母比率の検定

5.6.1　大標本の場合

母比率が p である母集団から抽出した大きさ n の標本 $X_1, X_2, \ldots, X_n$ の中に, ある性質をもつもの (このとき $X_i = 1$ とする) が k 個ある確率は 2 項分布 $B(n, p)$ に従う. さらに, n が十分大きいときは正規分布 $N(np, np(1 - p))$ に従う.

そこで, この正規分布を標準化し,

$$Z = \frac{k - np}{\sqrt{np(1 - p)}} = \frac{\dfrac{k}{n} - p}{\sqrt{\dfrac{p(1 - p)}{n}}} \tag{5.16}$$

とおくと, Z は正規分布 $N(0, 1^2)$ に従うので, これを用いて母比率 p の検定をする.

128　第 5 章　検　　定

☑ 母比率の検定の手順（大標本の場合）

1 「母比率 p がある値 p_0 に等しい」という仮説を立てる.

$$帰無仮説　H_0 : p = p_0$$
$$対立仮説　H_1 : p \neq p_0$$

2 有意水準 α を定める.

3 標本より標本比率 $\dfrac{k}{n}$ を求める.

4 検定統計量 Z の実現値 z_0 を求める.

$$z_0 = \frac{\dfrac{k}{n} - p_0}{\sqrt{\dfrac{p_0(1 - p_0)}{n}}}$$

5 有意水準 α のときの限界値 $\lambda(\alpha)$ を正規分布表より求める.

6 $|z_0|$ と限界値 $\lambda(\alpha)$ を比較すると

$$|z_0| \geq \lambda(\alpha) \text{ ならば，仮説 } H_0 \text{ は棄却される.}$$
$$|z_0| < \lambda(\alpha) \text{ ならば，仮説 } H_0 \text{ は棄却されない.}$$

例題 5.12 従来の工程で加工されている製品の不良率は 8% であった. 加工方法の一部を変更した後で，200 個の製品を検査したところ，不良品は 7 個であった. 工程の不良率は変わったといえるか. 有意水準 5% で検定せよ.

- -

[解]　$n = 200$, $k = 7$, $p_0 = 0.08$ である.

1 「工程の不良率に変化はない」という仮説を立てる.

$$帰無仮説　H_0 : p = 0.08$$
$$対立仮説　H_1 : p \neq 0.08$$

2 有意水準 $\alpha = 0.05$ とする.

3 標本比率を求める.

$$\frac{k}{n} = \frac{7}{200} = 0.035$$

5.6 母比率の検定 129

4 検定統計量 Z の実現値 z_0 を求める.

$$z_0 = \frac{0.035 - 0.08}{\sqrt{\dfrac{0.08(1 - 0.08)}{200}}} = -2.345$$

5 有意水準 0.05 のときの z の限界値は,正規分布表から

$$\lambda(0.05) = 1.96$$

となる.

6 $|z_0|$ と限界値 $\lambda(\alpha)$ を比較すると,$|z_0| \geq 1.96$ となり,仮説 H_0 は棄却される.よって,工程の不良率は変わったといえる.

5.6.2 小標本の場合

標本の大きさ n が小さいために 2 項分布の正規分布近似が利用できないようなとき,母比率の推定(4.3.3 項)の場合と同様に,2 項分布と F 分布の関係を用いて次のようにして検定する.

母比率 p の母集団から大きさ n の標本を抽出したとき,その中に,ある性質をもつものが k 個あるとき,標本比率 $p^* = \dfrac{k}{n}$ の確率分布は $P\left(p^* = \dfrac{k}{n}\right) = P(X = k)$ なので,2 項分布 $B(n, p)$ に従うから,仮説 $H_0 : p = p_0$ のもとで k は $P(X = k) = {}_n\mathrm{C}_k\, p_0^k (1 - p_0)^{n-k}$ に従う.

標本の大きさが小さいときには,仮説 $H_0 : p = p_0$ を検定するのに,その対立仮説 H_1 として,標本比率にもとづいて $H_1 : p > p_0$ の場合(右側検定)または $H_1 : p < p_0$ の場合(左側検定)の 2 つの場合に分けて考える.

なお,ここで用いる 2 項分布と F 分布との関係は次のとおりである.

X の実現値を x とすると,2 項分布の上側については,次のようになる.

(i) $P(X > k) = \displaystyle\sum_{x=k}^{n} {}_n\mathrm{C}_x\, p_0^x (1 - p_0)^{n-x} = P(F > F_1)$

ただし,F は自由度 $n_1 = 2(n - k + 1)$,$n_2 = 2k$ の F 分布に従う確率変数で,

$$F_1 = \frac{n_2(1 - p_0)}{n_1 p_0} \tag{5.17}$$

である.このとき,$F_1 \geq F_{n_2}^{n_1}(\alpha)$ ならば,仮説 H_0 を棄却する.

また,2 項分布の下側については,次のようになる.

(ii) $\displaystyle P(X < k) = \sum_{x=0}^{k} {}_n\mathrm{C}_x \, p_0^x (1 - p_0)^{n-x} = P(F < F_2)$

ただし，F は自由度 $m_1 = 2(k + 1)$, $m_2 = 2(n - k)$ の F 分布に従う確率変数で，

$$F_2 = \frac{m_2 p_0}{m_1 (1 - p_0)} \tag{5.18}$$

である．このとき，$F_2 \leq F_{m_2}^{m_1}(\alpha)$ ならば，仮説 H_0 を棄却する．

☑ 母比率の検定の手順（小標本の場合）

(i) $p^* = \dfrac{k}{n} > p_0$ の場合（右側検定）

1 仮説を立てる．

$$\begin{aligned} &\text{帰無仮説} \quad H_0 : p = p_0 \\ &\text{対立仮説} \quad H_1 : p > p_0 \end{aligned}$$

2 有意水準 α を定める．

3 自由度 n_1, n_2 を求める．

$$n_1 = 2(n - k + 1), \qquad n_2 = 2k$$

4 検定統計量 F_1 を求める．

$$F_1 = \frac{n_2 (1 - p_0)}{n_1 p_0}$$

（この F_1 は自由度 (n_1, n_2) の F 分布に従う．）

5 有意水準 α のときの F_1 の限界値 λ_1 を自由度 (n_1, n_2) の F 分布表から求める．

$$\lambda_1 = F_{n_2}^{n_1}(\alpha)$$

6 F_1 と限界値 λ_1 を比較して，

$$\begin{aligned} &F_1 \geq \lambda_1 \text{ ならば仮説 } H_0 : p = p_0 \text{ は棄却される．} \\ &F_1 < \lambda_1 \text{ ならば仮説 } H_0 : p = p_0 \text{ は棄却されない．} \end{aligned}$$

5.6 母比率の検定 131

(ii) $p^* = \dfrac{k}{n} < p_0$ の場合（左側検定）

1 仮説を立てる.

$$帰無仮説 \quad H_0 : p = p_0$$
$$対立仮説 \quad H_1 : p < p_0$$

2 有意水準 α を定める.

3 自由度 m_1, m_2 を求める.

$$m_1 = 2(k+1), \qquad m_2 = 2(n-k)$$

4 検定統計量 F_2 を求める.

$$F_2 = \frac{m_2 p_0}{m_1(1 - p_0)}$$

（この F_2 は自由度 (m_1, m_2) の F 分布に従う.）

5 有意水準 α のときの F_2 の限界値 λ_2 を自由度 (m_1, m_2) の F 分布表から求める.

$$\lambda_2 = F_{m_2}^{m_1}(\alpha)$$

6 F_2 と限界値 λ_2 を比較して,

$$F_2 \geq \lambda_2 \text{ ならば仮説 } H_0 : p = p_0 \text{ は棄却される.}$$
$$F_2 < \lambda_2 \text{ ならば仮説 } H_0 : p = p_0 \text{ は棄却されない.}$$

例題 5.13 ある大学で任意に抽出した男子学生 14 名について，喫煙するか否か質問したところ，喫煙すると回答した者が 9 名あった．この大学の男子学生の喫煙率は 60% を超えているとみてよいか．有意水準 5% で検定せよ．

[解] $p^* = \dfrac{k}{n} = \dfrac{9}{14} = 0.64 > p_0 = 0.6$ なので，右側検定を行う.

1 「男子学生の喫煙率は 60% である」という仮説を立てる.

$$帰無仮説 \quad H_0 : p = 0.6$$
$$対立仮説 \quad H_1 : p > 0.6$$

2 有意水準 $\alpha = 0.05$ とする.

132 第 5 章 検 定

3 自由度 n_1, n_2 を求める.

$$n_1 = 2(14 - 9 + 1) = 12, \qquad n_2 = 2 \times 9 = 18$$

4 検定統計量の実現値 F_1 を求める.

$$F_1 = \frac{18(1 - 0.6)}{12 \times 0.6} = 1.0$$

5 有意水準 0.05 のときの F_1 の限界値 λ_1 は,自由度 $(12, 18)$ の F 分布表より

$$\lambda_1 = F_{18}^{12}(0.05) = 2.342$$

となる.

6 F_1 と限界値を比較すると,$F_1 = 1.0 < 2.342$ となり,仮説 H_0 は棄却されない.これより,男子学生の喫煙率は 60% を超えているとはいえない.

5.6.3 2 つの母比率の差の検定

2 つの 2 項母集団 A,B からの標本の大きさをそれぞれ n_A,n_B とする.その標本の中のある 1 つの事象に属するものの個数が k_A,k_B であるとき,2 つの標本比率 $p_A^* = \dfrac{k_A}{n_A}$,$p_B^* = \dfrac{k_B}{n_B}$ の差 $p_A^* - p_B^*$ の検定は次のようにして行う.

2 つの母集団の母比率を p_A,p_B とすると,標本比率の差 $p_A^* - p_B^*$ の分布の平均および分散は

平均 $\quad p_A - p_B$

分散 $\quad \dfrac{p_A(1 - p_A)}{n_A} + \dfrac{p_B(1 - p_B)}{n_B}$

である.したがって,帰無仮説 $H_0 : p_A = p_B \ (= p)$ のもとでは,$p_A^* - p_B^*$ の分布の平均は 0,分散は $p(1 - p)\left(\dfrac{1}{n_A} + \dfrac{1}{n_B}\right)$ となる.いま,n_A,n_B が十分に大きいとき,2 項分布は正規分布で近似されるので

$$Z = \frac{p_A^* - p_B^*}{\sqrt{p(1 - p)\left(\dfrac{1}{n_A} + \dfrac{1}{n_B}\right)}} \tag{5.19}$$

とおくと,Z は正規分布 $N(0, 1^2)$ に従う.これを用いて母比率の差の検定を行う.

5.6 母比率の検定 　133

☑ 2つの母比率の差の検定の手順

1 仮説を立てる.

$$帰無仮説 \quad H_0 : p_A = p_B$$
$$対立仮説 \quad H_1 : p_A \neq p_B$$

2 有意水準 α を定める.

3 標本比率 p_A^*, p_B^* および両者に共通な p を求める.

$$p_A^* = \frac{k_A}{n_A}, \qquad p_B^* = \frac{k_B}{n_B}$$
$$p = \frac{n_A p_A^* + n_B p_B^*}{n_A + n_B} \tag{5.20}$$

4 検定統計量 Z の実現値 z_0 を求める.

$$z_0 = \frac{p_A^* - p_B^*}{\sqrt{p(1-p)\left(\dfrac{1}{n_A} + \dfrac{1}{n_B}\right)}}$$

この z_0 は正規分布 $N(0, 1^2)$ に従う.

5 有意水準 α のときの Z の限界値 $\lambda(\alpha)$ を正規分布表より求める.

6 $|z_0|$ と $\lambda(\alpha)$ を比較する.

$$|z_0| \geq \lambda(\alpha) \text{ ならば,} \quad 仮説 H_0 \text{ は棄却される.}$$
$$|z_0| < \lambda(\alpha) \text{ ならば,} \quad 仮説 H_0 \text{ は棄却されない.}$$

例題 5.14 A と B，2 人の作業員の作った製品の不良品を調べたところ表 5.4 のとおりであった．両者の不良品の出方に差があるか，有意水準 5% で検定せよ.

表 5.4

	不良品	良品	計
作業員 A	14	91	105
作業員 B	16	78	94
計	30	169	199

134 第5章 検 定

[解]　**1** 「AとB，2人の作業員の不良品の出方に差はない」という仮説を立てる．

$$帰無仮説 \quad H_0 : p_A = p_B$$
$$対立仮説 \quad H_1 : p_A \neq p_B$$

2 有意水準 $\alpha = 0.05$ とする．

3 A，Bの不良率 p_A^*, p_B^* および両者に共通な不良率 p を求める．

$$p_A^* = \frac{14}{105} = 0.133, \qquad p_B^* = \frac{16}{94} = 0.170$$

$$p = \frac{14 + 16}{105 + 94} = \frac{30}{199} = 0.151$$

4 統計量 Z の実現値 z_0 を求める．

$$z_0 = \frac{0.133 - 0.170}{\sqrt{0.151(1 - 0.151)\left(\dfrac{1}{105} + \dfrac{1}{94}\right)}} = -0.728$$

5 有意水準 0.05 のとき，Z の限界値を正規分布表より求めると，

$$\lambda(0.05) = 1.96$$

となる．

6 $|z_0|$ と $\lambda(0.05)$ を比較すると，$|z_0| = 0.728 < 1.96$ となり，仮説 H_0 は棄却されない．すなわち，AとB，2人の作業員の不良品の出方に差はあるとはいえない．

5.7　適合度の検定

適合度の検定とは，理論的に計算された度数（期待度数）に対して，観測して得られた度数（実測度数）が適合しているかどうか，その当てはまりのよさを統計的に調べる方法である．これには，分布の母数の値がわかっている場合の単純仮説と，検定すべき分布の母数がわかっていない場合の複合仮説の2つがある．

5.7.1　単純仮説の場合

1つの母集団が k 個の性質（事象）$E_1, E_2, \ldots, E_k$ によって構成されていて，それらの性質をもつ個数の割合，すなわち確率が，それぞれ $p_1, p_2, \ldots, p_k$ $(p_1 + p_2 + \cdots + p_k = 1)$ であるとしよう．たとえば，「さいころを投げるときの各目の出る確率は $p_1 = p_2 = \cdots = p_6 = \dfrac{1}{6}$ である」とか「メンデルの法則ではAとB，2つの遺伝子が現れる割合は

$9:3:3:1$ である」とする．このように，仮説によって分布の母数がすべて定まる場合である．

この仮説のもとで，この母集団から無作為に抽出した n 個の標本を k 個の性質に分類して，それらの性質をもつ個数が $f_1, f_2, \ldots, f_k$ $(f_1 + f_2 + \cdots + f_k = n)$ であったとき，この個数の割合が与えられた母集団の割合に適合しているとみなせるかどうかを検定するので，適合度の検定とよばれている．

ここでは，

$$\text{帰無仮説} \quad H_0 : E_i \text{ の起こる確率は } P(E_i) = p_i \ (i = 1, 2, \ldots, k)$$

として，この仮説のもとでそれぞれの度数（個数）f_i に対する期待度数 np_i を求める．

このときの統計量として

$$\chi^2 = \sum_{i=1}^{k} \frac{(\text{度数} - \text{期待度数})^2}{\text{期待度数}} = \sum_{i=1}^{k} \frac{(f_i - np_i)^2}{np_i} \tag{5.21}$$

を作ると，n が十分大きいとき自由度 $k-1$ の χ^2 分布に従うことが知られている．これを利用する．

式 (5.21) の計算では，表 5.5 の度数分布表を作ると，期待度数および統計量が比較的簡単に求められる．

表 5.5 度数分布表

事象	E_1	E_2	$\cdots$	E_k	計
度数 f_i	f_1	f_2	$\cdots$	f_k	n
確率 p_i	p_1	p_2	$\cdots$	p_k	1
期待度数 np_i	np_1	np_2	$\cdots$	np_k	n
$\dfrac{(f_i - np_i)^2}{np_i}$	$\dfrac{(f_1 - np_1)^2}{np_1}$	$\dfrac{(f_2 - np_2)^2}{np_2}$	$\cdots$	$\dfrac{(f_k - np_k)^2}{np_k}$	χ^2

☑ 適合度の検定の手順

1 仮説を立てる．

$$\text{帰無仮説} \quad H_0 : P(E_i) = p_i \quad (i = 1, 2, \ldots, k)$$
$$\text{対立仮説} \quad H_1 : P(E_i) \neq p_i$$

2 有意水準 α を定める．

3 度数分布表を作り，期待度数 np_i を求める．

136　第5章　検　定

4 検定統計量の実現値 χ_0^2 を計算する.

$$\chi_0^2 = \sum_{i=1}^{k} \frac{(f_i - np_i)^2}{np_i}$$

5 有意水準 α のときの限界値 $\chi_{k-1}^2(\alpha)$ を自由度 $k-1$ の χ^2 分布表から求める.

6 χ_0^2 と限界値 $\chi_{k-1}^2(\alpha)$ を比較する.

$\chi_0^2 \geq \chi_{k-1}^2(\alpha)$ のとき，仮説 H_0 は棄却される.
$\chi_0^2 < \chi_{k-1}^2(\alpha)$ のとき，仮説 H_0 は棄却されない.

例題 5.15 1個のさいころを 120 回投げて出た目の回数は，表 5.6 のとおりであった．このさいころは正しく作られているといえるか．有意水準 5% で検定せよ.

表 5.6

目の数 x_i	1	2	3	4	5	6	計
回数 f_i	25	16	18	17	21	23	120

[解]　仮説として，そのさいころは正しく作られているとする.

1 帰無仮説 H_0：各目の出る確率は $p_1 = p_2 = \cdots = p_6 = \dfrac{1}{6}$ である.

2 有意水準 $\alpha = 0.05$ とする.

3 度数分布表を作る．表 5.7 で次のようになっている.

実験回数　$n = 25 + 16 + 18 + 17 + 21 + 23 = 120$

期待度数　$np_i = 120 \times \dfrac{1}{6} = 20$

表 5.7　度数分布表

目の数 x_i	1	2	3	4	5	6	計
度数 f_i	25	16	18	17	21	23	120
確率 p_i	$\dfrac{1}{6}$	$\dfrac{1}{6}$	$\dfrac{1}{6}$	$\dfrac{1}{6}$	$\dfrac{1}{6}$	$\dfrac{1}{6}$	1
期待度数 np_i	20	20	20	20	20	20	120
$\dfrac{(f_i - np_i)^2}{np_i}$	1.25	0.8	0.2	0.45	0.05	0.45	$\chi_0^2 = 3.2$

5.7　適合度の検定　**137**

4 検定統計量の実現値 χ_0^2 を求めると，

$$\chi_0^2 = 3.2$$

となる．

5 有意水準 0.05 のときの限界値は，自由度 $6 - 1 = 5$ の χ^2 分布表より $\chi^2(0.05) = 11.07$ である

6 χ_0^2 と限界値を比較すると，$\chi_0^2 = 3.2 < 11.07$ となり，仮説 H_0 は棄却されない．したがって，このさいころは正しく作られていないとはいえない．

5.7.2　複合仮説の場合

ここでは，母集団分布に m 個の未知の母数（たとえば，正規母集団では母数は μ，σ^2 の2個）を含んでいる場合を考える．この未知母数には観測値から得られた推定値を用いて，期待度数を求める．このときの検定の統計量は

$$\chi^2 = \sum_{i=1}^{k} \frac{(度数 - 期待度数)^2}{期待度数} = \sum_{i=1}^{k} \frac{(f_i - np_i)^2}{np_i} \tag{5.22}$$

で，これが自由度 $k - m - 1$ の χ^2 分布に従うことが知られている．これを利用して検定を行う．

> 注　度数 f_i または期待度数 np_i が5より小さいものがあれば，隣の級と併合して，5以上の級とする．このときは併合した級の数だけ自由度は減少する．

例題 5.16 A社の，ある製品の販売後における1日あたりのクレーム件数について調べた結果は，表5.8のとおりであった．この分布はポアソン分布に従うといえるか．

表 5.8

1日あたりの件数 x_i	0	1	2	3	4	5	6	7	計
日数 f_i	104	129	69	31	10	2	0	1	346

[解]　**1** 帰無仮説 H_0：ポアソン分布に従うとする．

2 有意水準 $\alpha = 0.05$ とする．

3 データからの平均値 $\bar{x}$ を求める．

$$\bar{x} = \frac{417}{346} = 1.21$$

これより，ポアソン分布の平均値 $\mu = \bar{x} = 1.21$ とする．

4 ポアソン分布は次のようになる．

$$P(X = x) = \frac{1.21^x}{x!} e^{-1.21} \quad (x = 0, 1, \ldots)$$

5 ポアソン分布において $x = 0, 1, 2, 3, 4, 5, 6, 7$ のときの確率を求める.

$$P(X = 0) = e^{-1.21} = 0.2982$$

$$P(X = 1) = 1.21 e^{-1.21} = 1.21 P(X = 0) = 0.3608$$

$$P(X = 2) = \frac{1.21^2}{2!} e^{-1.21} = \frac{1.21}{2} P(X = 1) = 0.2183$$

$$P(X = 3) = \frac{1.21^3}{3!} e^{-1.21} = \frac{1.21}{3} P(X = 2) = 0.0880$$

$$P(X = 4) = \frac{1.21^4}{4!} e^{-1.21} = \frac{1.21}{4} P(X = 3) = 0.0266$$

$$P(X = 5) = \frac{1.21^5}{5!} e^{-1.21} = \frac{1.21}{5} P(X = 4) = 0.0064$$

$$P(X = 6) = \frac{1.21^6}{6!} e^{-1.21} = \frac{1.21}{6} P(X = 5) = 0.0013$$

$$P(X = 7) = \frac{1.21^7}{7!} e^{-1.21} = \frac{1.21}{7} P(X = 6) = 0.0002$$

6 度数分布表を作り，期待度数，統計量を計算する．表 5.9 で，x_5，x_6，x_7 は $f < 5$ なので x_4 に併合する.

表 5.9

1 日あたりの件数 x_i	日数 f_i	確率 p_i	期待度数 np_i	$\dfrac{(f_i - np_i)^2}{np_i}$
0	104	0.2982	103.2	0.0062
1	129	0.3608	124.8	0.1413
2	69	0.2182	75.5	0.5596
3	31	0.0880	30.4	0.0118
4	10 ⎫	0.0266	9.2 ⎫	
5	2 ⎬ 13	0.0064	2.2 ⎬ 11.9	0.1017
6	0 ⎪	0.0013	0.4 ⎪	
7	1 ⎭	0.0002	0.1 ⎭	
計	346	0.9998	346	0.8206

7 表より，検定の統計量 χ_0^2 は

$$\chi_0^2 = 0.8206$$

となる.

8 有意水準 0.05 のときの限界値は，未知母数 μ が 1 個あるので，自由度 $5 - 1 - 1 = 3$ の χ^2 分布表より，$\chi_3^2(0.05) = 7.815$ である.

9 χ_0^2 と限界値を比較すると，$\chi_0^2 = 0.8206 < 7.815$ となり，仮説 H_0 は棄却されない．したがって，ポアソン分布に従っていないとはいえない．

5.8 独立性の検定

5.8.1 $k \times l$ 分割表

母集団からの n 個の標本を 2 つの属性 A，B で分類するとき，これら 2 つの属性が互いに独立であるかどうかを検定する．いま，属性 A を $A_1, A_2, \ldots, A_k$ の k 個の階級に，属性 B を $B_1, B_2, \ldots, B_l$ の l 個の階級に分け，A_i，B_j 両属性に属する標本の度数を f_{ij} とすれば，表 5.10 が得られる．このような表を **$k \times l$ 分割表**という．

表 5.10 $k \times l$ 分割表

$\diagdown^{\,B}_{A}$	B_1	$\cdots$	B_j	$\cdots$	B_l	計
A_1	f_{11}	$\cdots$	f_{1j}	$\cdots$	f_{1l}	$f_{1\cdot}$
$\vdots$	$\vdots$		$\vdots$		$\vdots$	$\vdots$
A_i	f_{i1}	$\cdots$	f_{ij}	$\cdots$	f_{il}	$f_{i\cdot}$
$\vdots$	$\vdots$		$\vdots$		$\vdots$	$\vdots$
A_k	f_{k1}	$\cdots$	f_{kj}	$\cdots$	f_{kl}	$f_{k\cdot}$
計	$f_{\cdot 1}$	$\cdots$	$f_{\cdot j}$	$\cdots$	$f_{\cdot l}$	n

ここで，$f_{i\cdot}$ および $f_{\cdot j}$ はそれぞれ第 i 行および第 j 列の度数の和で

$$f_{i\cdot} = \sum_{j=1}^{l} f_{ij}, \qquad f_{\cdot j} = \sum_{i=1}^{k} f_{ij}, \qquad n = \sum_{i=1}^{k} f_{i\cdot} = \sum_{j=1}^{l} f_{\cdot j}$$

の意味である．

この標本から，次の仮説を検定する．

> 帰無仮説　H_0：2 つの属性 A と B が独立である．

すなわち，この仮説 H_0 のもとでは

$$P(A_i \cap B_j) = P(A_i) \cdot P(B_j)$$

が成り立つ．ここで，属性 A_i をもつ確率および属性 B_j をもつ確率は，それぞれ

$$P(A_i) = \frac{f_{i\cdot}}{n}, \qquad P(B_j) = \frac{f_{\cdot j}}{n}$$

140 第 5 章 検　定

であるから,

$$P(A_i \cap B_j) = \frac{f_{i \cdot}}{n} \times \frac{f_{\cdot j}}{n}$$

となる. したがって, この仮説のもとでの実現値 f_{ij} に対する期待度数は

$$nP(A_i \cap B_j) = n \times \frac{f_{i \cdot}}{n} \times \frac{f_{\cdot j}}{n} = \frac{f_{i \cdot} f_{\cdot j}}{n}$$

で与えられるから, 統計量として

$$\chi^2 = \sum_{i=1}^{k} \sum_{j=1}^{l} \frac{\left(f_{ij} - \frac{f_{i \cdot} f_{\cdot j}}{n} \right)^2}{\frac{f_{i \cdot} f_{\cdot j}}{n}} \tag{5.23}$$

$$= n \left(\sum_{i=1}^{k} \sum_{j=1}^{l} \frac{f_{ij}^2}{f_{i \cdot} f_{\cdot j}} - 1 \right) \tag{5.24}$$

を求めると, 近似的に自由度 $(k-1)(l-1)$ の χ^2 分布に従うから, これを用いて検定する.

☑ 独立性の検定（$k \times l$ 分割表）の手順

1 仮説を立てる.

　　　　帰無仮説　H_0：2 つの属性 A と B は独立である.
　　　　対立仮説　H_1：2 つの属性 A と B は独立ではない.

2 有意水準 α を定める.

3 度数分布表を作り, 期待度数 $\dfrac{f_{i \cdot} f_{\cdot j}}{n}$ を求め, 検定統計量 χ^2 の実現値 χ_0^2 を計算する.

4 自由度 $\varphi = (k-1)(l-1)$ の χ^2 分布表より, 有意水準 α のときの限界値 $\chi_\varphi^2(\alpha)$ を求める.

5 χ_0^2 と限界値 $\chi_\varphi^2(\alpha)$ を比較する.

　　　　$\chi_0^2 \geq \chi_\varphi^2(\alpha)$ ならば, 仮説 H_0 は棄却される.
　　　　$\chi_0^2 < \chi_\varphi^2(\alpha)$ ならば, 仮説 H_0 は棄却されない.

5.8 独立性の検定 141

例題 5.17 ある原料のメーカー別合格品，不合格品の数を調べたところ，表 5.11 のようになった．メーカーと原料の合否に関係があるといえるか．

表 5.11

合否＼メーカー	A	B	C	D	E	計
合格	104	87	80	59	84	414
不合格	12	10	4	10	8	44
計	116	97	84	69	92	458

[解] 2×5 分割表である．

1 仮説を立てる．

帰無仮説 H_0：メーカーと原料の合否とは関係がないとする．

2 有意水準 $\alpha = 0.05$ とする．

3 検定統計量の実現値 χ_0^2 を計算する．式 (5.24) から

$$\chi_0^2 = 458 \Big(\frac{104^2}{116 \times 414} + \frac{12^2}{116 \times 44} + \frac{87^2}{97 \times 414} + \frac{10^2}{97 \times 44}$$
$$+ \frac{80^2}{84 \times 414} + \frac{4^2}{84 \times 44} + \frac{59^2}{69 \times 414} + \frac{10^2}{69 \times 44} + \frac{8^2}{92 \times 414} - 1 \Big)$$
$$= 458 \times 0.00957 = 4.383$$

となる．この χ^2 は自由度 $(5-1)(2-1) = 4$ の χ^2 分布に従う．

4 有意水準 0.05 のときの限界値は，自由度 4 の χ^2 分布表から

$$\chi_4^2(0.05) = 9.49$$

となる．

5 χ_0^2 と限界値を比較すると，$\chi_0^2 = 4.383 < 9.49$ となり仮説 H_0 は棄却されない．すなわち，メーカーと原料の合否とは関係があるとはいえない．

5.8.2 2×2 分割表

母集団からの n 個の標本が，2 つの属性 A および B に分類され，さらにそれぞれ A_1，A_2 と B_1，B_2 の 2 つに分割されているときには，表 5.12 に示す 2×2 分割表が得られる．$k \times l$ 分割表において，とくに $k = l = 2$ の場合である．

このとき，検定統計量は式 (5.23) より

142　第 5 章　検　定

表 5.12　2 × 2 分割表

A＼B	B_1	B_2	計
A_1	a	b	$a+b$
A_2	c	d	$c+d$
計	$a+c$	$b+d$	n

$$\chi^2 = \frac{n(ad-bc)^2}{(a+b)(c+d)(a+c)(b+d)} \tag{5.25}$$

として導かれる．自由度は $(2-1)(2-1)=1$ である．

例題 5.18　2 人の作業員 A，B の技量に差があるかどうかを調べるため，A，B の加工したそれぞれ 200 個を検査したところ，表 5.13 の結果を得た．A と B とでは技量に差があるといえるか．

表 5.13

	A	B	計
良品	190	185	375
不良品	10	15	25
計	200	200	400

[解]　**1** 仮説を立てる．

帰無仮説　H_0：2 人の作業員 A，B の技量に差がないとする．

2 有意水準 $\alpha = 0.05$ とする．

3 検定統計量の実現値 χ_0^2 を計算する．

$$\chi_0^2 = \frac{(190 \times 15 - 185 \times 10)^2 \times 400}{200 \times 200 \times 375 \times 25} = 1.07$$

これは自由度 1 の χ^2 分布に従う．

4 有意水準 0.05 のときの限界値は，自由度 1 の χ^2 分布表より，

$$\chi_1^2(0.05) = 3.84$$

となる．

5 χ_0^2 と限界値を比較すると，$\chi_0^2 = 1.07 < 3.84$ となり，仮説 H_0 は棄却されない．すなわち，2 人の作業員 A，B の技量に差があるとはいえない．

5.8.3　イエーツの補正

2 × 2 分割表において，度数 a，b，c，d のいずれかが 5 以下の場合には，統計量として χ^2 の値を

$$\chi^2 = \frac{n\left(|ad - bc| - \dfrac{n}{2}\right)^2}{(a+b)(c+d)(a+c)(b+d)} \tag{5.26}$$

のように修正して検定すればよいことが知られている．これを**イエーツ (Yates) の補正**という．自由度は 1 である．

例題 5.19 ある小学校 6 年生 54 人について近視の子どもの数は，表 5.14 のとおりであった．男女によって近視になりやすさに差異があると認められるか．

表 5.14

	近視	近視でない	計
男子	4	21	25
女子	6	23	29
計	10	44	54

[解]　**1** 仮説を立てる．

　　　　帰無仮説　H_0：近視と性別とは関係がないとする．

2 有意水準 $\alpha = 0.05$ とする．

3 検定統計量の実現値 χ_0^2 を計算する．近視の男子の数が 4 なので，イエーツの補正を用いる．

$$\chi_0^2 = \frac{54\left(|4 \times 23 - 21 \times 6| - \dfrac{54}{2}\right)^2}{10 \times 44 \times 25 \times 29} = \frac{54 \times 49}{319000} = 0.008$$

4 有意水準 0.05 のときの限界値は，自由度 1 の χ^2 分布表より，

$$\chi_1^2(0.05) = 3.84$$

となる．

5 χ_0^2 と限界値を比較すると，$\chi_0^2 = 0.008 < 3.84$ となり，仮説 H_0 は棄却されない．すなわち，近視と性別とは関係があるとはいえない．

演習問題

5.1　1 つの集団から大きさ 10 の標本を抽出したとき，その標本平均は 23.2 であった．この集団の母平均が 21.3，母標準偏差が 2.8 の正規母集団であるとみなしてよいか．有意水準 5% で検定せよ．

144   第5章 検   定

5.2 A 工場で作られている，ある製品の厚さの寸法平均は 0.100 mm であるという．ある日の製品から無作為に抽出した 30 本について厚さの寸法を測ったところ，平均値は 0.1032 mm，標準偏差は 0.0024 mm であった．この製品の厚さの寸法に変化があったとみてよいか．有意水準 5% で検定せよ．

5.3 母平均が 45 と考えられている正規母集団から $n = 10$ の標本を抽出して，次の結果を得た．

$$30 \quad 60 \quad 62 \quad 68 \quad 49 \quad 60 \quad 40 \quad 47 \quad 54 \quad 48$$

この母平均は 45 とみなせるか．有意水準 5% で検定せよ．

5.4 正規母集団から抽出した大きさ 20 の標本の標本平均が 1.74，標本標準偏差が 2.74 であった．母平均 μ が 0 であるという仮説を，有意水準 1% で検定せよ．

5.5 ある高校では，毎年新入生に数学の基礎学力テストを行っている．昨年の入学した生徒 120 名のテストの結果は，平均点 54 点，標準偏差 7 点であった．今年入学した生徒 100 人にも同一水準のテストを行ったところ，平均点 59 点，標準偏差 9 点であった．今年の新入生の数学の基礎学力は昨年と比べてよくなったといえるか．有意水準 5% で検定せよ．

5.6 母分散の等しい 2 つの正規母集団 A，B から抽出した独立な 2 つの標本をそれぞれ

$$
\begin{array}{llllll}
\text{A} & 3.55 & -1.41 & -1.52 & -0.92 \\
\text{B} & 2.41 & 0.91 & 0.06 & 0.19 & -0.50
\end{array}
$$

とするとき，両集団の母平均は等しいとみなせるか．有意水準 5% で検定せよ．

5.7 2 人の工員がそれぞれ 25 個ずつ作った製品の直径についての分散が $0.0810\,\text{mm}^2$，$0.1255\,\text{mm}^2$ であった．2 人の技量に差があるか．有意水準 5% で検定せよ．

5.8 ある工場では，A，B の 2 社から購入している部品の強度に差があるようなので，それぞれ 10 個ずつ抽出して強度 $[\text{kg/cm}^2]$ を測定し，次の結果を得た．

$$
\begin{array}{lll}
n_A = 10, & \text{平均値 } x_A = 23.3, & \text{標準偏差 } s_A = 6.4 \\
n_B = 10, & \text{平均値 } x_B = 21.5, & \text{標準偏差 } s_B = 5.7
\end{array}
$$

A，B 両社の部品の強度の平均値に差があるか．有意水準 5% で検定せよ．

5.9 ある店から A，B 両社の製品をランダムにそれぞれ 6 個と 8 個を抽出し，製品 100 g 中のたんぱく質含有量 $[\text{g}]$ を調べたところ，次のデータが得られた．両社の母分散に差があるといえるか．有意水準 5% で検定せよ．

$$
\begin{array}{lllllllll}
\text{A 社} & 9.1 & 8.1 & 9.1 & 9.0 & 7.8 & 9.4 \\
\text{B 社} & 8.1 & 8.2 & 8.6 & 7.8 & 7.6 & 8.4 & 8.6 & 8.0
\end{array}
$$

5.10 10 人の学生について，左右の握力を測定して表 5.15 の結果を得た．両手の握力に差が認められるか．有意水準 5% で検定せよ．

演習問題　145

表 5.15

学生番号	1	2	3	4	5	6	7	8	9	10
右	39	46	39	47	51	45	52	51	42	46
左	32	49	32	35	50	48	44	40	35	40

5.11　正規母集団 $N(48, \sigma^2)$ から抽出した大きさ 5 の標本

　　　　48.9　49.0　49.1　49.2　48.8

について，母分散 $\sigma^2 = 0.5$ を有意水準 5% で検定せよ．

5.12　ある地区で収穫した小麦のたんぱく質の含有率 [%] を検査して

　　　　12.8　11.9　13.0　12.6　13.3

を得た．この小麦のたんぱく質の含有率の分散は 0.3 といえるか．有意水準 5% で検定せよ．

5.13　ある中学校で，英語と数学の関係を調べるため 30 人の生徒を抽出し 2 つの相関係数を求めたところ，$r = 0.27$ であった．英語と数学の間に相関があるといえるか．有意水準 5% で検定せよ．

5.14　大きさ 60 の標本から相関係数 $r = 0.49$ が得られたとき，母相関係数 ρ について帰無仮説 $H_0 : \rho = 0.58$ を有意水準 5% で検定せよ．

5.15　ある植物に遺伝学上のある予想を立てると，遺伝法則によってある性質をもつ個体が $\dfrac{3}{16}$ の割合で現れるはずである．419 個の個体のうち，その性質をもつものが 95 個であった．上の予想を有意水準 5% で検定せよ．

5.16　ある学校で，のどの痛みやせきなどの一定の症状のある児童 20 人について診察した結果，そのうち 15 人がインフルエンザに感染していた．この症状のある児童の過半数がインフルエンザにかかっているといえるか．有意水準 5% で検定せよ．

5.17　ある統計によると，31 歳から 40 歳の人に種痘の接種をしたか否かと，その罹患者と死亡者の数は，表 5.16 のとおりであった．種痘を接種する効果の有無について有意水準 1% で検定せよ．

表 5.16

	罹患者	死亡者	計
種痘を接種した	1861	247	2108
種痘を接種しない	180	80	260
計	2041	327	2368

5.18　日本人の血液型 A，O，B，AB の比率は 4：3：2：1 であることが知られている．今回，ある高校の 300 人の生徒の血液型を調べたところ，表 5.17 のような結果が得られた．この結果は，母集団分布に適合しているといえるか．有意水準 5% で検定せよ．

146　第 5 章　検　　定

表 5.17

血液型	A	O	B	AB	計
人数	113	94	65	28	300

5.19　4 枚の硬貨を 48 回投げて，各回の表の出た枚数を調べたところ，表 5.18 の結果が得られた．表の出る枚数 x は比率 $\frac{1}{2}$ の 2 項分布に従っているといえるか．有意水準 5% で検定せよ．

表 5.18

表の数 x	0	1	2	3	4	計
表の出た回数 f	2	14	20	11	1	48

5.20　A 社が発売したある食品について，任意に抽出された男女合わせて 80 人を対象に調査したところ，表 5.19 のような結果を得た．この食品に対する嗜好の度合いが，男女の性別によって差があるといえるか．有意水準 5% で検定せよ．

表 5.19

	好き	嫌い	どちらでもない	計
男	22	12	8	42
女	18	15	5	38
計	40	27	13	80

5.21　A と B，2 つの工程で作ったある製品を検査したところ表 5.20 の結果が得られた．A と B の工程で不良品の出方に差があるといえるか．有意水準 5% で検定せよ．

表 5.20

	良品	不良品	計
A	86	11	97
B	105	8	113
計	191	19	210

5.22　表 5.21 は喫煙の有無と肺がん発病の有無の状況を示したものである．この試料から，喫煙は肺がんの発生に関係あるといえるか．有意水準 1% で検定せよ．

表 5.21

	肺がん	正常	計
喫煙する	60	32	92
喫煙しない	3	11	14
計	63	43	106

演習問題解答

―― 第1章 ――

1.1　$N=103$ の中央値 Me は $\dfrac{103+1}{2}=52$ 番目で，階級 $(10.5\sim 11.0)$ の中にある．したがって，線形補間法を用いて，

$$\dfrac{\text{Me}-10.5}{11.0-10.5}=\dfrac{52-38}{61-38}$$
$$\text{Me}=10.5+(11.0-10.5)\times\dfrac{52-38}{61-38}=10.80$$

1.2　(1) 最小値 $=2160$，最大値 $=4280$．

中央値 Me を求める．データ数 $N=30$ より，中央値 Me は 15 番目と 16 番目の値の平均値で $\text{Me}=\dfrac{3400+3400}{2}=3400$．

第 1 四分位数 Q_1 と第 3 四分位数 Q_3 を求める．Q_1 は $\dfrac{1+15}{2}=8$ 番目の値で $Q_1=3010$．Q_3 は $\dfrac{16+30}{2}=23$ 番目の値で $Q_3=3600$．これより，四分位範囲 $=Q_3-Q_1=3600-3010=590$．

境界値を求める．下側の境界値 $=Q_1-1.5(Q_3-Q_1)=3010-1.5\times 590=2125$．上側の境界値 $=Q_3+1.5(Q_3-Q_1)=3600+1.5\times 590=4485$．

箱ひげ図は解図 1.1 のとおり．

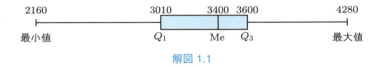

解図 1.1

(2) 中央値は箱の真ん中より右側に偏っており，最小値と Q_1 の差は 850，最大値と Q_3 の差は 680 である．したがって，全体の分布は右側に偏り，左側に尾を引いた歪んだ分布の形をしている．最小値，最大値ともに境界点の内側にあり，外れ値はない．

148　演習問題解答

1.3　平均値　$\overline{x} = \dfrac{1}{6}(15.27 + 14.96 + 15.00 + 15.06 + 14.99 + 15.02) = 15.05$

分散　$s^2 = \dfrac{1}{6}(15.27^2 + 14.96^2 + 15.00^2 + 15.06^2$

$+ 14.99^2 + 15.02^2) - 15.05^2$

$= 0.0106$

標準偏差　$s = \sqrt{0.0106} = 0.103$

1.4　度数分布表より，階級値 x_i と度数 f_i の積 $x_i f_i$ および $x_i^2 f_i$ を作る．解表1.1 より，

平均値　$\overline{x} = \dfrac{46043}{93} = 495.09$

$S = 23176493 - \dfrac{46043^2}{93} = 381247.31$

$s^2 = \dfrac{380881}{93} = 4099.43$

標準偏差　$s = \sqrt{s^2} = 64.03$

解表 1.1

階級	階級値 x_i	度数 f_i	$x_i f_i$	$x_i^2 f_i$
$331 \sim 371$	351	2	702	246402
$371 \sim 411$	391	8	3128	1223048
$411 \sim 451$	431	13	5603	2414893
$451 \sim 491$	471	19	8949	4214979
$491 \sim 531$	511	25	12775	6528025
$531 \sim 571$	551	16	8816	4857616
$571 \sim 611$	591	7	4137	2444967
$611 \sim 651$	631	2	1262	796322
$651 \sim 691$	671	1	671	450241
計	—	93	46043	23176493

1.5　$N = 50$，データの最大値 $= 66.5$，最小値 $= 52.3$，範囲 $R = 66.5 - 52.3 = 14.2$．このとき，階級の数は $\sqrt{50}$ を丸めて $k = 7$，測定単位は 0.1 なので，階級の幅は $\dfrac{14.2}{7} = 2.03$ を丸めて $h = 2.0$ となる．

階級の境界値を求める．最小値を含む最初の階級の下側の境界値 $c_0 = 52.3 - \dfrac{0.1}{2} = 52.25$，上側の境界値 $c_1 = 52.25 + 2.0 = 54.25$，以下同様に，階級の幅 $h = 2.0$ を加えて各階級を定める．次に，各階級の階級値 x_i を求める．

$$x_i = \frac{\text{階級の下側の境界値 } c_{i-1} + \text{階級の上側の境界値 } c_i}{2}$$

これより，階級値 x_i と度数 f_i，および $x_i f_i$ および $x_i^2 f_i$ を作ると度数分布表は解表1.2 のようになる．解表1.2 より，

演習問題解答　149

解表 1.2

階級	階級値 x_i	度数 f_i	$x_i f_i$	$x_i^2 f_i$
$52.25 \sim 54.25$	53.25	4	213.00	11342.25
$54.25 \sim 56.25$	55.25	4	221.00	12210.25
$56.25 \sim 58.25$	57.25	9	515.25	29498.06
$58.25 \sim 60.25$	59.25	11	651.75	38616.19
$60.25 \sim 62.25$	61.25	13	796.25	48770.31
$62.25 \sim 64.25$	63.25	7	442.75	28003.94
$64.25 \sim 66.25$	65.25	1	65.25	4257.56
$66.25 \sim 68.25$	67.25	1	67.25	4522.56
計	—	50	2972.50	177221.13

平均値　$\overline{x} = \dfrac{2972.50}{50} = 59.45$

$$S = 177221.13 - 50 \times 59.45^2 = 506.00$$

分散　$s^2 = \dfrac{506.00}{50} = 10.12$

標準偏差　$s = \sqrt{s^2} = 3.18$

1.6　解表 1.3 を作る.

平均値 $\overline{x}$, $\overline{y}$ を求める.

$$\overline{x} = \frac{87.5}{14} = 6.25, \qquad \overline{y} = \frac{86.8}{14} = 6.20$$

平方和 S_x, S_y, S_{xy} を求めると

$$S_x = 601.51 - \frac{87.5^2}{14} = 54.64$$

$$S_y = 623.90 - \frac{86.8^2}{14} = 85.74$$

$$S_{xy} = 564.76 - \frac{87.5 \times 86.8}{14} = 22.26$$

相関係数 r は

$$r = \frac{S_{xy}}{\sqrt{S_x}\,\sqrt{S_y}} = \frac{22.26}{\sqrt{54.64}\,\sqrt{85.74}} = 0.325$$

150 演習問題解答

解表 1.3

No.	x_i	y_i	x_i^2	y_i^2	$x_i y_i$
1	6.7	6.0	44.89	36.00	40.20
2	4.0	6.5	16.00	42.25	26.00
3	3.0	5.0	9.00	25.00	15.00
4	2.7	6.0	7.29	36.00	16.20
5	7.0	1.0	49.00	1.00	7.00
6	8.0	3.0	64.00	9.00	24.00
7	8.0	6.0	64.00	36.00	48.00
8	9.0	10.1	81.00	102.01	90.90
9	7.0	9.0	49.00	81.00	63.00
10	5.0	5.0	25.00	25.00	25.00
11	7.8	8.0	60.84	64.00	62.40
12	4.3	4.2	18.49	17.64	18.06
13	8.0	10.0	64.00	100.00	80.00
14	7.0	7.0	49.00	49.00	49.00
計	87.5	86.8	601.51	623.90	564.76

1.7 解表 1.4 を作る.

x_i, y_i の平均値 $\overline{x}$, $\overline{y}$ および平方和 S_x, S_{xy} を求める.

$$\overline{x} = \frac{2208}{30} = 73.60, \qquad \overline{y} = \frac{3775}{30} = 125.833$$

$$S_x = 166426 - \frac{2208^2}{30} = 3917.2$$

$$S_{xy} = 280197 - \frac{2208 \times 3775}{30} = 2357$$

これより，直線の傾き b および切片 a は

$$b = \frac{S_{xy}}{S_x} = \frac{2357}{3917.2} = 0.602$$
$$a = \overline{y} - b\overline{x} = 125.833 - 0.602 \times 73.60 = 81.526$$

ゆえに，求める y の x への回帰直線の式は，

$$y = 81.526 + 0.602x$$

演習問題解答　　**151**

解表 1.4

No.	x_i	y_i	x_i^2	x_iy_i	No.	x_i	y_i	x_i^2	x_iy_i
1	74	138	5476	10212	16	86	140	7396	12040
2	84	154	7056	12936	17	58	100	3364	5800
3	80	130	6400	10400	18	70	130	4900	9100
4	90	144	8100	12960	19	55	115	3025	6325
5	54	122	2916	6588	20	66	130	4356	8580
6	85	120	7225	10200	21	56	138	3136	7728
7	80	136	6400	10880	22	82	120	6724	9840
8	70	114	4900	7980	23	82	144	6724	11808
9	90	132	8100	11880	24	74	110	5476	8140
10	80	122	6400	9760	25	72	110	5184	7920
11	78	120	6084	9360	26	66	110	4356	7260
12	50	116	2500	5800	27	70	120	4900	8400
13	68	114	4624	7752	28	94	156	8836	14664
14	70	118	4900	8260	29	74	122	5476	9028
15	64	132	4096	8448	30	86	118	7396	10148
					計	2208	3775	166426	280197

⬤———　**第 2 章**　———⬤

2.1　10 枚のカードから 2 枚引いたときの組合せの数は，全部で

$$_{10}C_2 = \frac{10!}{2! \cdot 8!} = 45 \text{ 通り}$$

2 枚のカードの番号が 1 と 2 である組合せの数は 1 つであるから，求める確率は $\dfrac{1}{45}$.

2.2　A が正解する事象を A，B が正解する事象を B とする．$P(A) = \dfrac{1}{4}$, $P(B) = \dfrac{2}{3}$.

(1) A，B がともに正解する確率は，

$$P(A \cap B) = P(A) \cdot P(B) = \frac{1}{4} \times \frac{2}{3} = \frac{1}{6}$$

(2) A，B のうち，少なくともどちらか 1 人が正解する確率は，

$$P(A \cup B) = P(A) + P(B) - P(A \cap B) = \frac{1}{4} + \frac{2}{3} - \frac{1}{6} = \frac{3}{4}$$

2.3　袋の中の 20 個の球のうち 4 個が赤球であるから，1 回目から 9 回目の間に赤球を 3 個取り出す確率は，

$$\frac{4 \times 3 \times 2}{20 \times 19 \times 18} \times \frac{16 \times 15 \times 14 \times 13 \times 12 \times 11}{17 \times 16 \times 15 \times 14 \times 13 \times 12} = \frac{11}{4845}$$

したがって，10 回目に赤球を取り出す確率は，

$$\frac{11}{4845} \times \frac{1}{11} = \frac{1}{4845}$$

2.4 (1) $P(1 \leq X < 3) = P(X = 1) + P(X = 2) = 0.383 + 0.129 = 0.512$
(2) $P(X < 2) = P(X = 0) + P(X = 1) = 0.453 + 0.383 = 0.836$
(3) $F(x)$ のグラフ

$x < 0$ のとき $\quad F(x) = 0$
$0 \leq x < 1$ のとき $\quad F(x) = P(X < 1) = P(X = 0) = 0.453$
$1 \leq x < 2$ のとき $\quad F(x) = P(X < 2) = P(X = 0) + P(X = 1) = 0.836$
$2 \leq x < 3$ のとき $\quad F(x) = P(X < 3) = P(X < 2) + P(X = 2)$
$\qquad\qquad\qquad\qquad\quad = 0.836 + 0.129 = 0.965$
$3 \leq x$ のとき $\quad F(x) = 1$

よって，解図 2.1 のようになる．

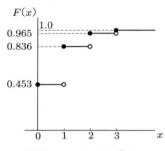

解図 2.1 $F(x)$ のグラフ

2.5 (1) $F(x) = \displaystyle\int_{-\frac{1}{2}}^{x} \dfrac{3}{2}(1 - 4x^2)\,dx = \dfrac{3}{2}\left[x - \dfrac{4}{3}x^3\right]_{-\frac{1}{2}}^{x}$
$= \dfrac{3}{2}\left\{\left(x - \dfrac{4}{3}x^3\right) - \left(-\dfrac{1}{2} + \dfrac{4}{3} \times \dfrac{1}{8}\right)\right\}$
$= -2x^3 + \dfrac{3}{2}x + \dfrac{1}{2}$

(2) $P\left(|X| \leq \dfrac{1}{4}\right) = P\left(-\dfrac{1}{4} \leq X \leq \dfrac{1}{4}\right)$
$= \dfrac{3}{2}\displaystyle\int_{-\frac{1}{4}}^{\frac{1}{4}}(1 - 4x^2)\,dx = \dfrac{3}{2}\left[x - \dfrac{4}{3}x^3\right]_{-\frac{1}{4}}^{\frac{1}{4}}$
$= \dfrac{3}{2}\left\{\left(\dfrac{1}{4} - \dfrac{4}{3} \times \dfrac{1}{64}\right) - \left(-\dfrac{1}{4} + \dfrac{4}{3} \times \dfrac{1}{64}\right)\right\}$
$= \dfrac{11}{16}$

2.6 2 項分布は $P(X = k) = {}_n\mathrm{C}_k\, p^k q^{n-k} \ (k = 0, 1, 2, \ldots, n)$. ここで，$0 < p < 1$, $p + q = 1$, n は自然数とする．よって，

$$E(X) = \sum_{k=0}^{n} kP(X = k)$$

$$= \sum_{k=0}^{n} k\,\frac{n(n-1)\cdots(n-k+1)}{k!}\,p^k q^{n-k}$$

$$= np\sum_{k=1}^{n} \frac{(n-1)(n-2)\cdots(n-k+1)}{(k-1)!}\,p^{k-1}q^{(n-1)-(k-1)}$$

$$= np\sum_{k=1}^{n} {}_{n-1}\mathrm{C}_{k-1}\,p^{k-1}q^{(n-1)-(k-1)}$$

$$= np\sum_{j=0}^{n-1} {}_{n-1}\mathrm{C}_{j}\,p^{j}q^{n-1-j} \qquad (k-1 = j \text{ とおいた})$$

$$= np(p+q)^{n-1} = np$$

$V(X) = E(X^2) - \{E(X)\}^2$ より，まず

$$E(X^2) - E(X) = E\big[X(X-1)\big]$$

を計算する．

$$E\big[X(X-1)\big] = \sum_{k=0}^{n} k(k-1){}_{n}\mathrm{C}_{k}\,p^k q^{n-k}$$

$$= \sum_{k=2}^{n} k(k-1)\frac{n(n-1)(n-2)\cdots(n-k+1)}{k!}\,p^k q^{n-k}$$

$$= n(n-1)p^2\sum_{k=2}^{n} \frac{(n-2)(n-3)\cdots(n-k+1)}{(k-2)!}\,p^{k-2}q^{(n-2)-(k-2)}$$

$$= n(n-1)p^2\sum_{k=2}^{n} {}_{n-2}\mathrm{C}_{k-2}\,p^{k-2}q^{n-2}$$

$$= n(n-1)p^2(p+q)^{n-2} = n(n-1)p^2$$

よって，$E(X^2) = n(n-1)p^2 + E(X)$ となる．これより，

$$V(X) = E(X^2) - \big\{E(X)\big\}^2$$
$$= n(n-1)p^2 + E(X) - \big\{E(X)\big\}^2$$
$$= n(n-1)p^2 + np - (np)^2$$
$$= np - np^2 = np(1-p) = npq$$

ゆえに，

$$E(X) = np, \quad V(X) = npq = np(1-p)$$

154　演習問題解答

2.7　さいころの目の出る確率 $p = \dfrac{1}{6}$，1 の目が出る回数 X は 2 項分布に従う．

(1)　$P(X = 2) = {}_5\mathrm{C}_2 \left(\dfrac{1}{6}\right)^2 \left(\dfrac{5}{6}\right)^3 = \dfrac{5!}{2!\,3!} \cdot \dfrac{5^3}{6^5} = 0.1608$

(2)　$P(X \leq 2) = P(X = 0) + P(X = 1) + P(X = 2)$ なので，

$$P(X = 0) = {}_5\mathrm{C}_0 \left(\dfrac{1}{6}\right)^0 \left(\dfrac{5}{6}\right)^5 = \left(\dfrac{5}{6}\right)^5 = 0.4019$$

$$P(X = 1) = {}_5\mathrm{C}_1 \left(\dfrac{1}{6}\right) \left(\dfrac{5}{6}\right)^4 = 5 \times \dfrac{5^4}{6^5} = 0.4019$$

$$\therefore\ P(X \leq 2) = 0.4019 + 0.4019 + 0.1608 = 0.9646$$

2.8　ポアソン分布は $P(X = k) = \dfrac{\lambda^k}{k!}\, e^{-\lambda} \quad (k = 0, 1, 2, \ldots)$．

$$E(X) = \sum_{k=0}^{\infty} k\, \dfrac{\lambda^k}{k!}\, e^{-\lambda} = \lambda \sum_{k=1}^{\infty} \dfrac{\lambda^{k-1}}{(k-1)!}\, e^{-\lambda} = \lambda$$

$V(X) = E(X^2) - \{E(X)\}^2$ より，

$$E(X^2) - \{E(X)\}^2 = E\big[X(X-1)\big]$$

$$E\big[X(X-1)\big] = \sum_{k=2}^{\infty} k(k-1)\dfrac{\lambda^k}{k!}\, e^{-\lambda} = \lambda^2 \sum_{k=2}^{\infty} \dfrac{\lambda^{k-2}}{(k-2)!}\, e^{-\lambda} = \lambda^2$$

$$E(X^2) - E(X) = \lambda^2$$

$$\therefore\ V(X) = E(X^2) - \{E(X)\}^2 = \lambda^2 + \lambda - \lambda^2 = \lambda$$

ゆえに，$E(X) = \lambda$，$V(X) = \lambda$．

2.9　不良率 $p = 0.005$，$n = 100$ より平均値 $np = 0.5$．n が大きいのでポアソン分布を用いて計算する．$P(X = x) = \dfrac{(np)^x}{x!}\, e^{-np} = \dfrac{0.5^x}{x!}\, e^{-0.5}$ より，

$$P(X = 0) = e^{-0.5}, \qquad P(X = 1) = 0.5\, e^{-0.5}, \qquad P(X = 2) = \dfrac{0.5^2}{2}\, e^{-0.5}$$

$$\therefore\ P(0 \leq X \leq 2) = P(X = 0) + P(X = 1) + P(X = 2)$$

$$= e^{-0.5}\left(1 + 0.5 + \dfrac{0.5^2}{2}\right)$$

$$= 0.6065 \times 1.6250 = 0.9856$$

2.10　ポアソン分布で計算する．$p = 0.002$，$n = 100$ より，$\lambda = np = 0.2$．

$$P(X = 5) = \dfrac{0.2^5}{5!}\, e^{-0.2} = \dfrac{0.00032}{0.8187} = 0.00000218 = 2.18 \times 10^{-6}$$

演習問題解答　155

2.11 一様分布の確率密度関数

$$f(x) = \frac{1}{b-a} \qquad (a \leq x \leq b)$$

より，

$$E(X) = \int_a^b x\,\frac{1}{b-a}\,dx = \frac{1}{b-a}\left[\frac{x^2}{2}\right]_a^b = \frac{1}{b-a}\cdot\frac{b^2-a^2}{2}$$

$$= \frac{b+a}{2}$$

$V(X) = E(X^2) - \{E(X)\}^2$ より，

$$E(X^2) = \int_a^b x^2\,\frac{1}{b-a}\,dx = \frac{1}{b-a}\left[\frac{x^3}{3}\right]_a^b = \frac{1}{b-a}\frac{b^3-a^3}{3}$$

$$= \frac{b^2+ab+a^2}{3}$$

$$\therefore\ V(X) = E(X^2) - \{E(X)\}^2$$

$$= \frac{b^2+ab+a^2}{3} - \left(\frac{b+a}{2}\right)^2 = \frac{b^2+ab+a^2}{3} - \frac{b^2+2ab+a^2}{4}$$

$$= \frac{b^2-2ab+a^2}{12} = \frac{(b-a)^2}{12}$$

2.12 $[2,5]$ 上の一様分布の確率密度関数 $f(x)$ は $f(x) = \dfrac{1}{5-2} = \dfrac{1}{3}$ なので，

$$P(3 < X \leq 4) = \int_3^4 \frac{1}{3}\,dx = \frac{1}{3}\,[x]_3^4 = \frac{1}{3}$$

2.13 $E(X) = \displaystyle\int_{-a}^a x\,\frac{1}{2a}\,dx = \frac{1}{2a}\left[\frac{x^2}{2}\right]_{-a}^a = \frac{1}{2a}\left(\frac{a^2}{2} - \frac{a^2}{2}\right) = 0$

$V(X) = E(X^2) - \{E(X)\}^2$ より，

$$E(X^2) = \int_{-a}^a x^2\,\frac{1}{2a}\,dx = \frac{1}{2a}\left[\frac{x^3}{3}\right]_{-a}^a = \frac{1}{2a}\left(\frac{a^3}{3} + \frac{a^3}{3}\right) = \frac{a^2}{3}$$

$$\therefore\ V(X) = \frac{a^2}{3} - 0 = \frac{a^2}{3}$$

2.14 指数分布の確率密度関数は $f(x) = \lambda e^{-\lambda x}\ (x > 0)$ より，部分積分を用いると，

$$E(X) = \int_0^\infty x\lambda e^{-\lambda x}\,dx = \underbrace{\left[-xe^{-\lambda x}\right]_0^\infty}_{0} + \int_0^\infty xe^{-\lambda x}\,dx$$

$$= \int_0^\infty e^{-\lambda x}\,dx = \left[-\frac{1}{\lambda}\,e^{-\lambda x}\right]_0^\infty = \frac{1}{\lambda}$$

また，

$$E(X^2) = \int_0^\infty \lambda e^{-\lambda x}\,dx = \underbrace{\left[-x^2 e^{-\lambda x}\right]_0^\infty}_{0} + 2\int_0^\infty x e^{-\lambda x}\,dx$$

$$= 2\int_0^\infty x e^{-\lambda x}\,dx$$

$$= 2\underbrace{\left[-\frac{1}{\lambda}x e^{-\lambda x}\right]_0^\infty}_{0} + 2\int_0^\infty \frac{1}{\lambda}e^{-\lambda x}\,dx$$

$$= 2\left[-\frac{1}{\lambda^2}e^{-\lambda x}\right]_0^\infty = \frac{2}{\lambda^2}$$

$$\therefore\ V(X) = E(X^2) - \left\{E(X)\right\}^2$$

$$= \frac{2}{\lambda^2} - \left(\frac{1}{\lambda}\right)^2 = \frac{1}{\lambda^2}$$

2.15 $E(X) = \dfrac{1}{\lambda} = 30.$ よって，$\lambda = \dfrac{1}{30}$ より，

$$P(X \geq 20) = 1 - P(0 < X < 20)$$

$$= 1 - \int_0^{20} \frac{1}{30}e^{-\frac{1}{30}x}\,dx = 1 - \left[-e^{-\frac{1}{30}x}\right]_0^{20}$$

$$= 1 - \left(-e^{-\frac{2}{3}} + 1\right)$$

$$= e^{-\frac{2}{3}} = 0.5134$$

2.16 $Z = \dfrac{X - 50}{10}$ とおくと，

$$P(35 < X \leq 75) = P\left(\frac{35-50}{10} < \frac{X-50}{10} \leq \frac{75-50}{10}\right)$$

$$= P(-1.5 < Z \leq 2.5)$$

$$= P(-1.5 < Z \leq 0) + P(0 < Z \leq 2.5)$$

$$= 0.4332 + 0.4938 = 0.9270$$

2.17 正規分布表より $P(X \leq x) = 0.4928$ を満たす x の値を求めると，$x = 2.44$ のとき 0.4927，$x = 2.45$ のとき 0.4929 より，$x = 2.445$．

2.18 300 番内に入るには，全体の $\dfrac{300}{2000} = 0.15$ 内に入らなければならない．$Z = \dfrac{X-320}{75}$ と正規化して，$P(Z > a) = 0.5 - P(0 < Z \leq a) = 0.15$ なので，$P(0 < Z \leq a) = 0.35$．正規分布表より a は 1.03 と 1.04 の間である．

$\dfrac{X-320}{75} > 1.03$ とすると，$X > 397.25$ となり，$\dfrac{X-320}{75} \geq 1.04$ とすると，$X \geq 320 + 75 \times 1.04 = 398$．したがって，398 点以上．

演習問題解答　　157

第 3 章

3.1　$E(\overline{X}) = 50$, $V(\overline{X}) = \dfrac{10^2}{25} = 2^2$ より求める.

(1)　$\begin{aligned}[t] P(48.2 < \overline{X} \le 55.8) &= P\left(\dfrac{48.2 - 50}{2} < \dfrac{\overline{X} - 50}{2} \le \dfrac{55.8 - 50}{2}\right) \\ &= P(-0.9 < z \le 2.9) \\ &= P(0 < z \le 0.9) + P(0 < z \le 2.9) \\ &= 0.3159 + 0.4981 = 0.8140 \end{aligned}$

(2)　$\begin{aligned}[t] P&\left(\dfrac{45 - 50}{2} < \dfrac{\overline{X} - 50}{2} \le \dfrac{a - 50}{2}\right) \\ &= P\left(-2.5 < z \le \dfrac{a - 50}{2}\right) = P\left(0 < z \le \dfrac{a - 50}{2}\right) + P(0 < z \le 2.5) \\ &= P\left(0 < z \le \dfrac{a - 50}{2}\right) + 0.4938 = 0.6 \end{aligned}$

$\therefore\ P\left(0 < z \le \dfrac{a - 50}{2}\right) = 0.1062$

正規分布表より $\dfrac{a - 50}{2} = 0.207$ なので, $a = 50 + 0.414 = 50.414$.

(3)　$P\left(\dfrac{\overline{X} - 50}{2} \le \dfrac{a - 50}{2}\right) = 0.5 + P\left(0 < z \le \dfrac{a - 50}{2}\right) = 0.95$

$\therefore\ P\left(0 < z \le \dfrac{a - 50}{2}\right) = 0.45$

正規分布表より $\dfrac{a - 50}{2} = 1.65$ なので, $a = 50 + 3.3 = 53.3$.

3.2　$n = 10$, $\sigma^2 = 16$, $S^2 = 5.10$ より求める.

(1)　$\chi_0^2 = \dfrac{nS^2}{\sigma^2} = \dfrac{10 \times 5.10}{16} = 3.1875$

(2)　$P(\chi^2 > \chi_0^2) = \alpha$ とおき, $\chi_0^2 = 3.1875 = \chi_9^2(\alpha)$ となる α の値を求める.
α は χ^2 分布表にないので, 線形補間で求める. 自由度 9 の χ^2 分布表より,

$\begin{aligned} \alpha &= 0.975 + (0.95 - 0.975) \times \dfrac{3.1875 - 2.700}{3.325 - 2.700} \\ &= 0.975 - 0.0195 = 0.9555 \end{aligned}$

解表 3.1

n \ p	0.975	α	0.95
9	2.700	3.1875	3.325

3.3　(1) 自由度 13 より, $P(\chi^2 > \chi_0^2) = 0.025$ となる $\chi_0^2 = \chi_{13}^2(0.025) = 24.74$.

158　演習問題解答

(2) 自由度 9 より，$P(\chi^2 > 21.67) = \alpha$ とおくと，$\chi_9^2(\alpha) = 21.67$ となる α は $\alpha = 0.01$.

(3) 自由度 4 より，$P(\chi^2 > 10.44) = \alpha$ とおくと，$\chi_4(\alpha) = 10.44$ となる α の値は χ^2 分布表にないので，線形補間で求める．自由度 4 の χ^2 分布表より，

$$\alpha = 0.05 + (0.025 - 0.05) \times \frac{10.44 - 9.488}{11.14 - 9.488} = 0.0356$$

解表 3.2

n $\backslash$ p	0.05	α	0.025
4	9.488	10.44	11.14

3.4　(1) 自由度 25 の t 分布表より，

$$P(|T| \le t_0) = P(-t_0 \le T \le t_0) = 1 - P(|T| > t_0) = 0.98$$
$$\therefore \ P(|T| > t_0) = 0.02$$

t 分布表より，$t_0 = t_{25}(0.02) = 2.485$.

(2) 自由度 15 の t 分布表より，$P(|T| > 2.0) = \alpha$ とおくと $t_{15}(\alpha) = 2.0$ となる α の値を求める．α は t 分布表にないので線形補間で求める．

$$\alpha = 0.10 + (0.05 - 0.10) \times \frac{2.0 - 1.753}{2.131 - 1.753} = 0.09104$$

解表 3.3

n $\backslash$ p	0.10	α	0.05
15	1.753	2.0	2.131

(3) 自由度 45 の t 分布表より，

$$P(|T| \le t_0) = 1 - P(|T| > t_0) = 0.80 \qquad \therefore \ P(|T| > t_0) = 0.20$$

$t_0 = t_{45}(0.20)$ の値は t 分布表にないので線形補間で求める．

$$t_0 = 1.303 + (1.296 - 1.303) \times \frac{\dfrac{1}{45} - \dfrac{1}{40}}{\dfrac{1}{60} - \dfrac{1}{40}} = 1.3007$$

解表 3.4

n $\backslash$ p	0.20
40	1.303
45	t_0
60	1.296

演習問題解答　159

3.5　(1) $P(F \leq F_0) = 1 - P(F > F_0) = 0.01$　　$\therefore\ P(F > F_0) = 0.99$
自由度 $(4, 6)$ の F 分布表より,

$$F_0 = F_6^4(0.99) = \frac{1}{F_4^6(1 - 0.99)} = \frac{1}{F_4^6(0.01)} = \frac{1}{15.2} = 0.0658$$

(2) 自由度 $(25, 30)$ の F 分布表より, $P(F > F_0) = 0.975$ を満たす $F_0 = F_{30}^{25}(0.975)$
の値を求める.

$$F_0 = F_{30}^{25}(0.975) = \frac{1}{F_{25}^{30}(1 - 0.975)} = \frac{1}{F_{25}^{30}(0.025)} = \frac{1}{2.18} = 0.4587$$

(3) 自由度 $(35, 40)$ の F 分布表より, $P(F > F_0) = 0.05$ を満たす $F_0 = F_{40}^{35}(0.05) = 1.74$.

第 4 章

4.1　$n = 5$, 標本平均 $\overline{x} = \dfrac{1}{5}(1.72 + 2.58 + 1.44 + 4.01) = 2.596$, 母分散 $\sigma^2 = 2^2$, 信頼係数 95% のとき, 限界値は正規分布表から $\lambda = 1.96$ である. したがって, μ の信頼区間は,

$$2.596 - 1.96 \times \frac{2}{\sqrt{5}} < \mu < 2.596 + 1.96 \times \frac{2}{\sqrt{5}}$$

$$\therefore\ 0.8430 < \mu < 4.3490$$

4.2　標本平均 $\overline{x} = \dfrac{1}{10}(33 + 24 + 41 + 29 + 25 + 27 + 32 + 26 + 43 + 36) = 31.6$, 標本標準偏差 $s = 6.328$ である. 信頼係数 95% のとき, 自由度 $10 - 1 = 9$ の t 分布表より, 限界値は $t_9(0.05) = 2.26$. したがって, μ の信頼区間は,

$$31.6 - 2.26 \times \frac{6.328}{\sqrt{10 - 1}} < \mu < 31.6 + 2.26 \times \frac{6.328}{\sqrt{10 - 1}}$$

$$\therefore\ 26.83 < \mu < 36.37$$

4.3　(1) 標本数 $n = 15$, 標本平均 $\overline{x} = 20.3$, 標本標準偏差 $s = 2.8$ である. 信頼係数 95% のとき, 自由度 $15 - 1 = 14$ の t 分布表より, 限界値は $t_{14}(0.05) = 2.145$. したがって, μ の信頼区間は,

$$20.3 - 2.145 \times \frac{2.8}{\sqrt{15 - 1}} < \mu < 20.3 + 2.145 \times \frac{2.8}{15 - 1}$$

$$\therefore\ 18.695 < \mu < 21.905$$

(2) 標本数 $n = 15$, 標本標準偏差 $\sigma = 2.8$ である. 信頼係数 95% のとき, 自由度 $15 - 1 = 14$ の χ^2 分布表から,

$$P(\chi_{14}^2 \geq k_1) = 1 - \frac{\alpha}{2} = 0.975, \qquad P(\chi_{14}^2 \geq k_2) = \frac{\alpha}{2} = 0.025$$

160　　演習問題解答

を満足する限界値 k_1, k_2 はそれぞれ，

$$k_1 = 5.629, \qquad k_2 = 26.119$$

したがって，σ^2 の信頼区間は，

$$\frac{15 \times 2.8^2}{26.119} < \sigma^2 < \frac{15 \times 2.8^2}{5.629}$$

$$\therefore\ 4.503 < \sigma^2 < 20.892$$

4.4　標本数 $n = 10$，標本平均 $\overline{x} = \dfrac{1}{10}(1790 + 1800 + 1780 + 1790 + 1800 + 1810 + 1800 + 1790 + 1810 + 1780) = 1795.0$，標本分散 $\sigma^2 = \dfrac{1}{10}(1792^2 + 1800^2 + 1780^2 + 1790^2 + 1800^2 + 1810^2 + 1800^2 + 1790^2 + 1810^2 + 1780^2) - 1795^2 = 105.00$.

　　信頼係数 95% のとき，自由度 9 の χ^2 分布表から，

$$P(\chi_{14}^2 \geq k_1) = 1 - \frac{\alpha}{2} = 0.975, \qquad P(\chi_{14}^2 \geq k_2) = \frac{\alpha}{2} = 0.025$$

を満足する限界値 k_1, k_2 は，それぞれ

$$k_1 = 2.700, \qquad k_2 = 19.023$$

したがって，σ^2 の信頼区間は，

$$\frac{10 \times 105.0}{19.023} < \sigma^2 < \frac{10 \times 105.0}{2.700}$$

$$\therefore\ 55.196 < \sigma^2 < 388.889$$

4.5　$n = 20$，$k = 3$，信頼係数 95%.

(i) 信頼区間の下限値 p_L を求める.

$$m_1 = 2(20 - 3 + 1) = 36, \qquad n_1 = 2 \times 3 = 6$$
$$F_1 = F_6^{36}(0.025) = 5.03$$
$$\therefore\ p_L = \frac{6}{36 \times 5.03 + 6} = 0.032$$

(ii) 信頼区間の上限値 p_U を求める.

$$m_2 = 2(3 + 1) = 8, \qquad n_2 = 2(20 - 3) = 34$$
$$F_2 = F_8^{34}(0.025) = 2.59$$
$$\therefore\ p_U = \frac{8 \times 2.59}{8 \times 2.59 + 34} = 0.379$$

(i), (ii) より，

$$0.032 < p < 0.379$$

演習問題解答　　161

4.6　標本比率 $P^* = \dfrac{8}{150} = 0.053$，信頼係数 95% のときの限界値は，正規分布表より $\lambda = 1.96$ である．ゆえに，

$$0.053 - 1.96\sqrt{\frac{0.053(1-0.053)}{150}} < p < 0.053 + 1.96\sqrt{\frac{0.053(1-0.053)}{150}}$$

$$\therefore\ 0.017 < p < 0.089$$

4.7　標本数 $n = 10$，$k = 0$，信頼係数 95%．不良率の信頼区間の上限値 p_U を求める．

$$m_2 = 2(0+1) = 2, \qquad n_2 = 2(10-0) = 20$$
$$F_2 = F_{20}^2(0.025) = 4.46$$
$$\therefore\ p_L = \frac{2 \times 4.46}{2 \times 4.46 + 20} = 0.308$$

これより，不良率は最高で 30.8% といえる．

4.8　z 変換表より，$r = 0.29$ のとき，$z = 0.299$．信頼係数 95% のときの限界値は，正規分布表から $\lambda = 1.96$．これより，

$$s_L = 0.299 - \frac{1.96}{\sqrt{310-3}} = 0.187$$
$$s_U = 0.299 + \frac{1.96}{\sqrt{310-3}} = 0.411$$

再び z 変換表を用いて，ρ の下限値 ρ_L と ρ_U を求める．

$$0.187 = \frac{1}{2}\log_e \frac{1+\rho_L}{1-\rho_L} \qquad \therefore\ \rho_L = 0.1850$$
$$0.410 = \frac{1}{2}\log_e \frac{1+\rho_U}{1-\rho_U} \qquad \therefore\ \rho_U = 0.3893$$

したがって，

$$0.1850 < \rho < 0.3893$$

第5章

5.1　この集団は $N(21.3, 2.8^2)$ であるとする仮説を立てる．

帰無仮説　$H_0 : \mu = 21.3$,　　　対立仮説　$H_1 : \mu \neq 21.3$

検定統計量として

$$Z = \frac{\overline{X} - \mu}{\sigma/\sqrt{n}}$$

を作ると，この Z は正規分布 $N(0, 1^2)$ に従う．いま，有意水準を $\alpha = 0.05$ とするとき，正規分布表から

$$P(|Z| > \lambda) = 0.05$$

を満足する限界値 $\lambda(0.05)$ を求めると，$\lambda(0.05) = 1.96$ である．検定統計量 Z の実現値 z_0 を求める．$n = 10$，$\overline{x} = 23.2$ を代入して，

$$|z_0| = \frac{|23.2 - 21.3|}{2.8/\sqrt{10}} = 2.146$$

これより，

$$|z_0| = 2.146 > 1.96$$

となり，帰無仮説 H_0 は棄却され，この集団は $N(21.3, 2.8^2)$ であるとはいえない．

5.2 製品の厚さの寸法は変化がないという仮説を立てる．

$$\text{帰無仮説}\quad H_0 : \mu = 0.100\,\text{mm},\qquad \text{対立仮説}\quad H_1 : \mu \neq 0.100\,\text{mm}$$

標本数 n が比較的大きいことから，検定統計量を

$$Z = \frac{\overline{X} - \mu}{S/\sqrt{n}}$$

とおく．有意水準 5% のとき，正規分布表から

$$P(|Z| > \lambda) = 0.05$$

を満足する限界値 $\lambda(0.05)$ を求めると，$\lambda(0.05) = 1.96$ である．$n = 30$，$\overline{x} = 0.1032$，$s = 0.0024$ のとき，検定統計量 Z の実現値 z_0 は

$$z_0 = 7.303$$

$|z_0|$ と限界値 $\lambda(0.05)$ を比較すると，

$$|z_0| = 7.303 > 1.96$$

となり，帰無仮説 H_0 は棄却される．すなわち，製品の厚さには変化があったとみなされる．

5.3 母平均が 45 であるという仮説を立てる．

$$\text{帰無仮説}\quad H_0 : \mu = 45,\qquad \text{対立仮説}\quad H_1 : \mu \neq 45$$

検定統計量を

$$T = \frac{\overline{X} - \mu}{U/\sqrt{n}}$$

とおく．有意水準を $\alpha = 0.05$ とするとき，自由度 9 の t 分布表から

$$P(|T| > t_9(0.05)) = 0.05$$

を満足する限界値 $t_9(0.05)$ を求めると，$t_9(0.05) = 2.26$ である．標本より，標本平均 $\overline{x} = 51.8$，標準偏差 $u = 11.380$ なので，検定統計量の実現値 t_0 は

$$t_0 = \frac{51.8 - 45}{11.380/\sqrt{10}} = 1.89$$

これより

$$|t_0| = 1.89 < 2.26$$

となり，仮説 H_0 は棄却されない．すなわち，母平均は 45 でないとはいえない．

5.4　母平均が 0 であるという仮説を立てる．

$$\text{帰無仮説}\quad H_0 : \mu = 0, \qquad \text{対立仮説}\quad H_1 : \mu \neq 0$$

検定統計量を

$$T = \frac{\overline{X} - \mu}{S/\sqrt{n-1}}$$

とおく．有意水準 $\alpha = 0.01$ のとき，自由度 19 の t 分布表から，

$$P(|T| > t_{19}(0.01)) = 0.01$$

を満足する限界値 $t_{19}(0.01)$ を求めると，$t_{19}(0.01) = 2.861$ である．標本平均 $\overline{x} = 1.74$，標本標準偏差 $s = 2.74$ のとき，検定統計量の実現値 t_0 は

$$t_0 = \frac{1.74 - 0}{2.74/\sqrt{20-1}} = 2.768$$

これより

$$|t_0| = 2.768 < 2.861$$

となり，仮説 H_0 は棄却されない．すなわち，母平均は 0 でないとはいえない．

5.5　昨年 (A) と今年 (B) の新入生の数学の試験の母平均に差がないという仮説を立てる．

$$\text{帰無仮説}\quad H_0 : \mu_A = \mu_B, \qquad \text{対立仮説}\quad H_1 : \mu_A < \mu_B$$

このとき，検定統計量 Z は

$$Z = \frac{\overline{X}_A - \overline{X}_B}{\sqrt{\dfrac{\sigma_A^2}{n_A} + \dfrac{\sigma_B^2}{n_B}}}$$

164　演習問題解答

有意水準を 5% としたとき，正規分布表で左片側検定 $P(Z > \lambda) = 0.05 \times 2 = 0.10$ を満足する限界値 $\lambda(0.10)$ を正規分布表より求めると，

$$\lambda(0.10) = 1.64$$

検定統計量 Z の実現値 z_0 を求める．

$$z_0 = \frac{54 - 59}{\sqrt{\dfrac{7^2}{120} + \dfrac{9^2}{100}}} = -4.53$$

これより

$$|z_0| = 4.53 > 1.64$$

となり，仮説 H_0 は棄却される．すなわち，今年の新入生の数学の基礎学力は，昨年と比べてよくなったといえる．

5.6　母平均は等しいとする仮説を立てる．

$$\text{帰無仮説}\quad H_0 : \mu_\mathrm{A} = \mu_\mathrm{B}, \qquad \text{対立仮説}\quad H_1 : \mu_\mathrm{A} \neq \mu_\mathrm{B}$$

検定統計量 T を

$$T = \frac{\overline{X}_\mathrm{A} - \overline{X}_\mathrm{B}}{U\sqrt{\dfrac{1}{n_\mathrm{A}} + \dfrac{1}{n_\mathrm{B}}}}$$

とおく．有意水準 $\alpha = 0.05$ のとき，T の限界値は自由度 $7\,(= 4 + 5 - 2)$ の t 分布表から

$$t_7(0.05) = 2.365$$

A，B について，それぞれ平均値 $\overline{x}_\mathrm{A} = -0.075$，$\overline{x}_\mathrm{B} = 0.614$，分散 $s_\mathrm{A}^2 = 4.4312$，$s_\mathrm{B}^2 = 1.0082$ である．A，B の標本を合わせて共通な不偏分散 u^2 を求める．

$$u^2 = \frac{4 \times 4.4312 + 5 \times 1.0082}{4 + 5 - 2} = 3.2523$$

よって，標準偏差は

$$u = 1.8034$$

検定統計量 T の実現値 t_0 は，

$$t_0 = \frac{-0.075 - 0.614}{1.8034\sqrt{\dfrac{1}{4} + \dfrac{1}{5}}} = -0.5695$$

これより，

$$|t_0| = 0.5695 < 2.365$$

となり，帰無仮説 H_0 は棄却されない．すなわち，母平均が等しくないとはいえない．

5.7　2 人の工具が作った製品の分散は等しいとする仮説を立てる．

$$帰無仮説 \quad H_0 : \sigma_1^2 = \sigma_2^2, \qquad 対立仮説 \quad H_1 : \sigma_1^2 \neq \sigma_2^2$$

標本分散はそれぞれ $u_1^2 = 0.0810$，$u_2^2 = 0.1255$ であるので，検定統計量を以下のようにおく．

$$F = \frac{U_2^2}{U_1^2}$$

検定統計量の実現値は $F_0 = \dfrac{0.1255}{0.0810} = 1.5494$ である．有意水準 $\alpha = 0.05$ とするとき，F 分布表より限界値 k は

$$k = F_{24}^{24}(0.025) = 2.269$$

これより，$F_0 < k$ であるので帰無仮説 H_0 は棄却されない．すなわち，2 人の技量に差があるとはいえない．

5.8　A，B の母分散 σ_A^2，σ_B^2 が未知なので，はじめに分散比の検定を行う．

(i) 分散比の検定

両社の母分散に差はないとする仮説を立てる．

$$帰無仮説 H_0 : \sigma_A^2 = \sigma_B^2, \qquad 対立仮説 H_1 : \sigma_A^2 \neq \sigma_B^2$$

標本分散はそれぞれ $s_A^2 = 6.4^2 = 40.96$，$s_B^2 = 5.7^2 = 32.49$ である．検定統計量の実現値は $F_0 = \dfrac{40.96}{32.49} = 1.261$ である．有意水準 $\alpha = 0.05$ のとき，F 分布表より限界値 k を求めると，自由度 $(9, 9)$ の F 分布表より

$$k = F_9^9(0.025) = 4.026$$

となる．F_0 と限界値 k を比較すると $F_0 = 1.261 < 4.026$ となり，仮説 H_0 は棄却されない．すなわち，σ_A^2 と σ_B^2 に有意差はないとみなされる．

　次に，母平均の差の検定を行う．

(ii) 母平均の差の検定

両社の母平均に差はないとする仮説を立てる．

$$帰無仮説 H_0 : \mu_A = \mu_B, \qquad 対立仮説 H_1 : \mu_A \neq \mu_B$$

統計量 T は自由度 $10 + 10 - 2 = 18$ の t 分布に従うので，有意水準 $\alpha = 0.05$ のときの T の限界値を自由度 18 の t 分布表より求めると，

$$t_{18}(0.05) = 2.101$$

2 つの標本 A，B に共通な不偏分散 u^2 は

$$u^2 = \frac{10 \times 23.3 + 10 \times 21.5}{10 + 10 - 2} = 40.806$$

検定統計量 t_0 は

$$t_0 = \frac{23.3 - 21.5}{40.806\sqrt{\dfrac{1}{10} + \dfrac{1}{10}}} = 0.099$$

すなわち，$|t_0| = 0.099 < 2.101$ となり，仮説 H_0 は棄却されず，A，B 両社の部品の強度の平均値には差があるとはいえない.

5.9　両社の母分散に差はないとする仮説を立てる.

$$\text{帰無仮説}\quad H_0 : \sigma_{\mathrm{A}}^2 = \sigma_{\mathrm{B}}^2, \qquad \text{対立仮説}\quad H_1 : \sigma_{\mathrm{A}}^2 \neq \sigma_{\mathrm{B}}^2$$

A，B 両社の標本について，それぞれ不偏分散は $u_{\mathrm{A}}^2 = 0.411$，$u_{\mathrm{B}}^2 = 0.131$.

$$\text{検定統計量}\quad F_0 = \frac{0.411}{0.131} = 3.137$$

有意水準 $\alpha = 0.05$ とし，F 分布表より限界値 k を求める.

$$k = F_7^5(0.025) = 5.285$$

$F_0 < k$ であるので，帰無仮説 H_0 は棄却されない.すなわち，分散に差があるとはいえない.

5.10　両手の握力には差がないとする仮説を立てる.

$$\text{帰無仮説}\quad H_0 : \mu_d = 0, \qquad \text{対立仮説}\quad H_1 : \mu_d \neq 0$$

解表 5.1 より，差 d の平均値 $\overline{d}$ および不偏分散 u_d^2 を求める.

$$\overline{d} = \frac{53}{10} = 5.3$$

$$u_d^2 = \frac{1}{10 - 1}\left(531 - \frac{53^2}{10}\right) = 27.79$$

$$u_d = 5.27$$

検定統計量 T の実現値 t_0 を求めると，

$$t_0 = \frac{5.3}{5.27/\sqrt{10}} = 3.180$$

有意水準 $\alpha = 0.05$ とし，自由度 9 の t 分布表から，限界値 $t_9(0.05)$ は

$$t_9(0.05) = 2.262$$

検定統計量 t_0 と限界値 $t_9(0.05)$ を比較すると，$|t_0| > t_9(0.05)$ となり，帰無仮説 H_0 は棄却される.すなわち，両手の握力に差が認められる.

演習問題解答　167

解表 5.1

学生番号	1	2	3	4	5	6	7	8	9	10	計
右	39	46	39	47	51	45	52	51	42	46	
左	32	49	32	35	50	48	44	40	35	40	
差 d	7	−3	7	12	1	−3	8	11	7	6	53
d^2	49	9	49	144	1	9	64	121	49	36	531

5.11　母分散は 0.5 であるという仮説を立てる.

$$\text{帰無仮説　} H_0 : \sigma^2 = 0.5, \qquad \text{対立仮説　} H_1 : \sigma^2 \neq 0.5$$

母平均 $\mu = 48$,　標本数 $n = 5$ であるので,　標本分散 s_0^2 は

$$s_0^2 = \frac{1}{5}\left\{(48.9 - 48)^2 + (49.0 - 48)^2 + \cdots + (48.8 - 48)^2\right\} = 1.02$$

検定統計量の実現値 χ_0^2 を求める.

$$\chi_0^2 = \frac{5 \times 1.02}{0.5} = 10.2$$

有意水準 $\alpha = 0.05$,　自由度 5 の χ^2 分布表から限界値 k_1, k_2 を求める.

$$k_1 = \chi_5^2(0.975) = 0.831, \qquad k_2 = \chi_5^2(0.025) = 12.833$$

χ_0^2 と限界値を比較すると,　$k_1 < \chi_0^2 < k_2$ となり,　帰無仮説 H_0 は棄却されない.　すなわち,　母分散は 0.5 でないとはいえない.

5.12　母分散は 0.3 であるという仮説を立てる.

$$\text{帰無仮説　} H_0 : \sigma^2 = 0.3, \qquad \text{対立仮説　} H_1 : \sigma^2 \neq 0.3$$

標本より,　標本数 $n = 5$,　標本分散 $s^2 = 0.222$ である.　検定統計量 χ_0^2 は

$$\chi_0^2 = \frac{5 \times 0.222}{0.3} = 3.700$$

有意水準 $\alpha = 0.05$ とし,　自由度 4 の χ^2 分布表から限界値 k_1, k_2 を求める.

$$k_1 = \chi_4^2(0.975) = 0.484, \qquad k_2 = \chi_4^2(0.025) = 11.143$$

χ_0^2 と限界値を比較すると,　$k_1 < \chi_0^2 < k_2$ となり,　帰無仮説 H_0 は棄却されない.　すなわち,　母分散は 0.3 でないとはいえない.

5.13　母相関係数が 0 であるという仮説を立てる.

$$\text{帰無仮説　} H_0 : \rho = 0, \qquad \text{対立仮説　} H_1 : \rho \neq 0$$

標本数 $n = 30$,　標本相関係数 $r = 0.27$ である.

検定統計量 T の実現値 t_0 は

168　演習問題解答

$$t_0 = \sqrt{30 - 2}\,\frac{0.27}{\sqrt{1 - 0.27^2}} = 1.484$$

有意水準 $\alpha = 0.05$ とするとき，自由度 28 の t 分布表より限界値 $t_{28}(0.05)$ を求めると，$t_{28}(0.05) = 2.048$.

　$|t_0| < t(\alpha)$ なので，帰無仮説 H_0 は棄却されない．したがって，英語と数学の成績の間に相関があるとはいえない．

5.14 母相関係数が 0.58 であるという仮説を立てる.

　　　　帰無仮説　$H_0 : \rho = 0.58$,　　　対立仮説　$H_1 : \rho \neq 0.58$

標本数 $n = 60$，標本相関係数 $r = 0.49$ から，z 変換を行うと

$$z = \frac{1}{2}\log_e \frac{1 + 0.49}{1 - 0.49} = 0.54, \qquad s = \frac{1}{2}\log_e \frac{1 + 0.58}{1 - 0.58} = 0.66$$

検定統計量 U の実現値 u_0 を求めると

$$u_0 = \frac{0.54 - 0.66}{\sqrt{1/(60 - 3)}} = 0.91$$

有意水準 $\alpha = 0.05$ のとき，正規分布表より限界値 $\lambda(0.05) = 1.96$ である．ゆえに，

$$|u_0| = 0.91 < 1.96$$

となり，帰無仮説 H_0 は棄却されない．

5.15 母比率が $\dfrac{3}{16}$ であるという仮説を立てる.

　　　　帰無仮説　$H_0 : p = \dfrac{3}{16} = 0.188$,　　　対立仮説　$H_1 : p \neq 0.188$

標本比率 $\dfrac{k}{n} = \dfrac{95}{419} = 0.227$ である.

　検定統計量 Z の実現値 z_0 を求める.

$$z_0 = \frac{0.227 - 0.188}{\sqrt{\dfrac{0.188(1 - 0.188)}{419}}} = 2.04$$

有意水準 $\alpha = 0.05$ のとき，正規分布表から z の限界値は

$$\lambda(0.05) = 1.96$$

$|z_0| > 1.96$ となり，帰無仮説 H_0 は棄却される．

5.16 児童の半数がインフルエンザにかかっているという仮説を立てる．インフルエンザにかかっている児童の割合を p とする.

　　　　帰無仮説　$H_0 : p = 0.5$,　　　対立仮説　$H_1 : p > 0.5$

演習問題解答　　**169**

自由度 n_1, n_2 を求める.

$$n_1 = 2(20 - 15 + 1) = 12, \qquad n_2 = 2 \times 15 = 30$$

検定統計量 F_1 を求める.

$$F_1 = \frac{30 \times (1 - 0.5)}{12 \times 0.5} = 2.50$$

有意水準 $\alpha = 0.05$ とし，自由度 $(12, 30)$ の F 分布表から F_1 の限界値 λ_1 を求めると，$\lambda_1 = F_{30}^{12}(0.05) = 2.09$.

$F_1 \geq \lambda_1$ であるので，帰無仮説 H_0 は棄却される．すなわち，児童の過半数がインフルエンザにかかっているといえる.

5.17　種痘を接種した集団を A，しなかった集団を B とする．種痘を接種する効果（死亡率の変化）はないとする仮説を立てる.

　　　帰無仮説　$H_0 : p_A = p_B$,　　　対立仮説　$H_1 : p_A < p_B$

A，B の死亡率 p_A^*, p_B^* および両集団に共通な死亡率 p を求める.

$$p_A^* = \frac{247}{1861} = 0.133, \qquad p_B^* = \frac{80}{180} = 0.444$$

$$p = \frac{327}{2041} = 0.160$$

検定統計量 Z の実現値 z_0 を求める.

$$z_0 = \frac{0.133 - 0.444}{\sqrt{0.160(1 - 0.160)\left(\dfrac{1}{1861} + \dfrac{1}{180}\right)}} = -10.868$$

有意水準 $\alpha = 0.01$ のとき，片側検定では正規分布表より Z の限界値は $\lambda(0.02) = 2.33$ である．$|z_0| > \lambda(0.02)$ であるので，帰無仮説 H_0 は棄却される．すなわち，種痘を接種する効果はあるといえる.

5.18　日本人の血液型の比率について，以下のように仮説を立てる.

　　　帰無仮説　H_0:　A : O : B : AB $= 4 : 3 : 2 : 1$
　　　対立仮説　H_1:　A : O : B : AB $\neq 4 : 3 : 2 : 1$

度数表を作成する（解表 5.2）.

　検定統計量の実現値 χ_0^2 を求めると，$\chi_0^2 = 1.14$ である．有意水準 $\alpha = 0.05$ のとき，自由度 $4 - 1 = 3$ の χ^2 分布表より限界値は $\chi^2(0.05) = 7.81$ である．$\chi_0^2 = 1.14 < 7.81$ となり，帰無仮説 H_0 は棄却されない．すなわち，調査結果は母集団分布に適合していないとはいえない.

170 演習問題解答

解表 5.2

血液型	A	O	B	AB	計
度数 f_i	113	94	65	28	300
確率 p_i	$\dfrac{4}{10}$	$\dfrac{3}{10}$	$\dfrac{2}{10}$	$\dfrac{1}{10}$	1
期待度数 np_i	120	90	60	30	300
$\dfrac{(f-np_i)^2}{np_i}$	0.41	0.18	0.42	0.13	1.14

5.19 帰無仮説 $H_0 : p = \dfrac{1}{2}$ の 2 項分布に従うものとする $\left(H_1 : p \neq \dfrac{1}{2}\ \text{とする}\right)$.

標本平均 $\quad \overline{x} = \dfrac{1}{48}(0 \times 2 + 1 \times 14 + 2 \times 20 + 3 \times 11 + 4 \times 1) = 1.9$

したがって，2 項分布の平均値は $np = \overline{x} = 1.9$ である.

$$5p = 1.9 \qquad \therefore\ p = 0.38$$

ゆえに，2 項分布は

$$P(X = x) = \frac{5!}{x!\,(5-x)!}(0.38)^x(1-0.38)^{5-x} \qquad (x = 0, 1, 2, 3, 4)$$

ここで，$P(0) = 0.62^4 = 0.092$
$\qquad\quad\ P(1) = 4 \times 0.38 \times 0.62^3 = 0.281$
$\qquad\quad\ P(2) = 6 \times 0.38^2 \times 0.62^2 = 0.344$
$\qquad\quad\ P(3) = 4 \times 0.38^3 \times 0.62 = 0.211$
$\qquad\quad\ P(4) = 0.38^4 = 0.065$

度数表（解表 5.3）を作り，期待度数 np を求め，検定統計量を計算する.

これより，検定統計量の実現値は $\chi_0^2 = 1.05319$ である．母数 p を 1 個推定しているので，χ^2 の自由度は $3 - 1 - 1 = 1$ となり，有意水準を 0.05 とすると，

$$\chi_1^2(0.05) = 3.841$$

よって，$\chi_0^2 = 1.053 < 3.841$ となり，仮説 H_0 は棄却されない．よって，$p = \dfrac{1}{2}$ の 2 項分布に従っていないとはいえない.

演習問題解答　　**171**

解表 5.3

表の数 k	出現度数 f_i	確率 p_i	期待度数 np_i	$\dfrac{(f_i - np_i)^2}{np_i}$
0	2 ⎫ 16	0.092	4.4 ⎫ 17.9	0.20168
1	14 ⎭	0.281	13.5 ⎭	
2	20	0.344	16.5	0.74242
3	11 ⎫ 12	0.211	10.1 ⎫ 13.2	0.10909
4	1 ⎭	0.065	3.1 ⎭	
計	48			$\chi_0^2 = 1.05319$

5.20　帰無仮説 H_0：食品に対する嗜好の度合いに性別の差はないとする.

$\dfrac{f_i \cdot f_j}{n}$ の式を用いて期待度数を計算する.

これより，検定統計量の実現値 χ_0^2 を求める.

$$\chi_0^2 = \frac{(22 - 21.0)^2}{21} + \frac{(12 - 14.2)^2}{14.2} + \frac{(8 - 6.8)^2}{6.8}$$
$$+ \frac{(18 - 19.0)^2}{19.0} + \frac{(15 - 12.8)^2}{12.8} + \frac{(5 - 6.2)^2}{6.2}$$
$$= 1.264$$

有意水準 5% のとき，自由度 $(3 - 1) \times (2 - 1) = 2$ の χ^2 分布表より，

$$\chi_2^2(0.05) = 5.991$$

よって，$\chi_0^2 = 1.264 < 5.991$ となり，仮説 H_0 は棄却されない．すなわち，食品に対する嗜好の度合いに男女の差があるとはいえない.

解表 5.4　期待度数

性別	好き	嫌い	どちらでもない	計
男	21.0	14.2	6.8	42.0
女	19.0	12.8	6.2	38.0
計	40.0	27.0	13.0	80.0

5.21　帰無仮説 H_0：A と B で不良品の出方に差がないとする.

検定統計量の実現値 χ_0^2 を求める.

$$\chi_0^2 = \frac{210(86 \times 8 - 11 \times 105)^2}{97 \times 113 \times 191 \times 19} = 1.151$$

有意水準 5% のとき，自由度 $(2 - 1) \times (2 - 1) = 1$ の χ^2 分布表より，

$$\chi_1^2(0.05) = 3.841$$

172   演習問題解答

よって，$\chi_0^2 = 1.151 < 3.841$ となり，仮説 H_0 は棄却されない．すなわち，A と B の工程で不良品の出方に差があるとはいえない．

5.22　帰無仮説 H_0：喫煙と肺がんの発生とは関係がないとする．

「肺がん」で「喫煙しない」の度数は 3 なので，検定統計量はイエーツの修正式を用いる．すなわち，

$$\chi_0^2 = \frac{106 \left(60 \times 11 - 32 \times 3 - \dfrac{106}{2} \right)^2}{92 \times 14 \times 63 \times 43} = 7.933$$

有意水準 1% とするとき，自由度 1 の χ^2 分布表より，

$$\chi_1^2(0.01) = 6.635$$

よって，$\chi_0^2 = 7.933 > 6.635$ となり，仮説 H_0 は棄却される．すなわち，喫煙の有無と肺がんの発病とは高度に有意な関係がみられる．

付表 1　正規分布表

$$x \to \int_0^x \frac{1}{\sqrt{2\pi}} e^{-\frac{z^2}{2}} dz = p$$

x	0.00	0.01	0.02	0.03	0.04	0.05	0.06	0.07	0.08	0.09
0.0	.0000	.0040	.0080	.0120	.0160	.0199	.0239	.0279	.0319	.0359
0.1	.0398	.0438	.0478	.0517	.0557	.0596	.0636	.0675	.0714	.0753
0.2	.0793	.0832	.0871	.0910	.0948	.0987	.1026	.1064	.1103	.1141
0.3	.1179	.1217	.1255	.1293	.1331	.1368	.1406	.1443	.1480	.1517
0.4	.1554	.1591	.1628	.1664	.1700	.1736	.1772	.1808	.1844	.1879
0.5	.1915	.1950	.1985	.2019	.2054	.2088	.2123	.2157	.2190	.2224
0.6	.2257	.2291	.2324	.2357	.2389	.2422	.2454	.2486	.2517	.2549
0.7	.2580	.2611	.2642	.2673	.2704	.2734	.2764	.2794	.2823	.2852
0.8	.2881	.2910	.2939	.2967	.2995	.3023	.3051	.3078	.3106	.3133
0.9	.3159	.3186	.3212	.3238	.3264	.3289	.3315	.3340	.3365	.3389
1.0	.3413	.3438	.3461	.3485	.3508	.3531	.3554	.3577	.3599	.3621
1.1	.3643	.3665	.3686	.3708	.3729	.3749	.3770	.3790	.3810	.3830
1.2	.3849	.3869	.3888	.3907	.3925	.3944	.3962	.3980	.3997	.4015
1.3	.4032	.4049	.4066	.4082	.4099	.4115	.4131	.4147	.4162	.4177
1.4	.4192	.4207	.4222	.4236	.4251	.4265	.4279	.4292	.4306	.4319
1.5	.4332	.4345	.4357	.4370	.4382	.4394	.4406	.4418	.4429	.4441
1.6	.4452	.4463	.4474	.4484	.4495	.4505	.4515	.4525	.4535	.4545
1.7	.4554	.4564	.4573	.4582	.4591	.4599	.4608	.4616	.4625	.4633
1.8	.4641	.4649	.4656	.4664	.4671	.4678	.4686	.4693	.4699	.4706
1.9	.4713	.4719	.4726	.4732	.4738	.4744	.4750	.4756	.4761	.4767
2.0	.4772	.4778	.4783	.4788	.4793	.4798	.4803	.4808	.4812	.4817
2.1	.4821	.4826	.4830	.4834	.4838	.4842	.4846	.4850	.4854	.4857
2.2	.4861	.4864	.4868	.4871	.4875	.4878	.4881	.4884	.4887	.4890
2.3	.4893	.4896	.4898	.4901	.4904	.4906	.4909	.4911	.4913	.4916
2.4	.4918	.4920	.4922	.4925	.4927	.4929	.4931	.4932	.4934	.4936
2.5	.4938	.4940	.4941	.4943	.4945	.4946	.4948	.4949	.4951	.4952
2.6	.4953	.4955	.4956	.4957	.4959	.4960	.4961	.4962	.4963	.4964
2.7	.4965	.4966	.4967	.4968	.4969	.4970	.4971	.4972	.4973	.4974
2.8	.4974	.4975	.4976	.4977	.4977	.4978	.4979	.4979	.4980	.4981
2.9	.4981	.4982	.4982	.4983	.4984	.4984	.4985	.4985	.4986	.4986
3.0	.4987	.4987	.4987	.4988	.4988	.4989	.4989	.4989	.4990	.4990
3.1	.4990	.4991	.4991	.4991	.4992	.4992	.4992	.4992	.4993	.4993

付表 2 χ^2 分布表

自由度 $n : P(\chi^2 \geq \chi_0^2) = p \to \chi_0^2$

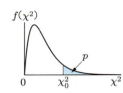

n \ p	0.995	0.99	0.975	0.95	0.05	0.025	0.01	0.005
1	$0.0^4 3927$	$0.0^3 1571$	$0.0^3 9821$	$0.0^2 3932$	3.841	5.024	6.635	7.879
2	0.01003	0.02010	0.05064	0.1026	5.991	7.378	9.210	10.60
3	0.07172	0.1148	0.2158	0.3518	7.815	9.348	11.34	12.84
4	0.2070	0.2971	0.4844	0.7107	9.488	11.14	13.28	14.86
5	0.4117	0.5543	0.8312	1.145	11.07	12.83	15.09	16.75
6	0.6757	0.8721	1.237	1.635	12.59	14.45	16.81	18.55
7	0.9893	1.239	1.690	2.167	14.07	16.01	18.48	20.28
8	1.344	1.646	2.180	2.733	15.51	17.53	20.09	21.95
9	1.735	2.088	2.700	3.325	16.92	19.02	21.67	23.59
10	2.156	2.558	3.247	3.940	18.31	20.48	23.21	25.19
11	2.603	3.053	3.816	4.575	19.68	21.92	24.72	26.76
12	3.074	3.571	4.404	5.226	21.03	23.34	26.22	28.30
13	3.565	4.107	5.009	5.892	22.36	24.74	27.69	29.82
14	4.075	4.660	5.629	6.571	23.68	26.12	29.14	31.32
15	4.601	5.229	6.262	7.261	25.00	27.49	30.58	32.80
16	5.142	5.812	6.908	7.962	26.30	28.85	32.00	34.27
17	5.697	6.408	7.564	8.672	27.59	30.19	33.41	35.72
18	6.265	7.015	8.231	9.390	28.87	31.53	34.81	37.16
19	6.844	7.633	8.907	10.12	30.14	32.85	36.19	38.58
20	7.434	8.260	9.591	10.85	31.41	34.17	37.57	40.00
21	8.034	8.897	10.28	11.59	32.67	35.48	38.93	41.40
22	8.643	9.542	10.98	12.34	33.92	36.78	40.29	42.80
23	9.260	10.20	11.69	13.09	35.17	38.08	41.64	44.18
24	9.886	10.86	12.40	13.85	36.42	39.36	42.98	45.56
25	10.52	11.52	13.12	14.61	37.65	40.65	44.31	46.93
26	11.16	12.20	13.84	15.38	38.89	41.92	45.64	48.29
27	11.81	12.88	14.57	16.15	40.11	43.19	46.96	49.64
28	12.46	13.56	15.31	16.93	41.34	44.46	48.28	50.99
29	13.12	14.26	16.05	17.71	42.56	45.72	49.59	52.34
30	13.79	14.95	16.79	18.49	43.77	46.98	50.89	53.67
40	20.71	22.16	24.43	26.51	55.76	59.34	63.69	66.77
60	35.53	37.48	40.48	43.19	79.08	83.30	88.38	91.95
80	51.17	53.54	57.15	60.39	101.9	106.6	112.3	116.3
100	67.33	70.06	74.22	77.93	124.3	129.6	135.8	140.2

付表3 t 分布表

自由度 $n : P(|T| \geq t_0) = p \to t_0$

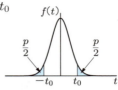

p\n	0.50	0.40	0.30	0.20	0.10	0.05	0.02	0.01	0.001	p\n
1	1.000	1.376	1.963	3.078	6.314	12.706	31.821	63.657	636.619	1
2	0.816	1.061	1.386	1.886	2.920	4.303	6.965	9.925	31.599	2
3	0.765	0.978	1.250	1.638	2.353	3.182	4.541	5.841	12.924	3
4	0.741	0.941	1.190	1.533	2.132	2.776	3.747	4.604	8.610	4
5	0.727	0.920	1.156	1.476	2.015	2.571	3.365	4.032	6.869	5
6	0.718	0.906	1.134	1.440	1.943	2.447	3.143	3.707	5.959	6
7	0.711	0.896	1.119	1.415	1.895	2.365	2.998	3.499	5.408	7
8	0.706	0.889	1.108	1.397	1.860	2.306	2.896	3.355	5.041	8
9	0.703	0.883	1.100	1.383	1.833	2.262	2.821	3.250	4.781	9
10	0.700	0.879	1.093	1.372	1.812	2.228	2.764	3.169	4.587	10
11	0.697	0.876	1.088	1.363	1.796	2.201	2.718	3.106	4.437	11
12	0.695	0.873	1.083	1.356	1.782	2.179	2.681	3.055	4.318	12
13	0.694	0.870	1.079	1.350	1.771	2.160	2.650	3.012	4.221	13
14	0.692	0.868	1.076	1.345	1.761	2.145	2.624	2.977	4.140	14
15	0.691	0.866	1.074	1.341	1.753	2.131	2.602	2.947	4.073	15
16	0.690	0.865	1.071	1.337	1.746	2.120	2.583	2.921	4.015	16
17	0.689	0.863	1.069	1.333	1.740	2.110	2.567	2.898	3.965	17
18	0.688	0.862	1.067	1.330	1.734	2.101	2.552	2.878	3.922	18
19	0.688	0.861	1.066	1.328	1.729	2.093	2.539	2.861	3.883	19
20	0.687	0.860	1.064	1.325	1.725	2.086	2.528	2.845	3.850	20
21	0.686	0.859	1.063	1.323	1.721	2.080	2.518	2.831	3.819	21
22	0.686	0.858	1.061	1.321	1.717	2.074	2.508	2.819	3.792	22
23	0.685	0.858	1.060	1.319	1.714	2.069	2.500	2.807	3.768	23
24	0.685	0.857	1.059	1.318	1.711	2.064	2.492	2.797	3.745	24
25	0.684	0.856	1.058	1.316	1.708	2.060	2.485	2.787	3.725	25
26	0.684	0.856	1.058	1.315	1.706	2.056	2.479	2.779	3.707	26
27	0.684	0.855	1.057	1.314	1.703	2.052	2.473	2.771	3.690	27
28	0.683	0.855	1.056	1.313	1.701	2.048	2.467	2.763	3.674	28
29	0.683	0.854	1.055	1.311	1.699	2.045	2.462	2.756	3.659	29
30	0.683	0.854	1.055	1.310	1.697	2.042	2.457	2.750	3.646	30
40	0.681	0.851	1.050	1.303	1.684	2.021	2.423	2.704	3.551	40
60	0.679	0.848	1.045	1.296	1.671	2.000	2.390	2.660	3.460	60
120	0.677	0.845	1.041	1.289	1.658	1.980	2.358	2.617	3.373	120
∞	0.674	0.842	1.036	1.282	1.645	1.960	2.326	2.576	3.291	∞

176　付　表

付表 4　F 分布表 (1) 5% 点
自由度 n_1, n_2 : $P(F \geq F_0) = 0.05 \to F_0$

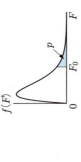

n_2 \ n_1	1	2	3	4	5	6	7	8	9	10	12	15	20	24	30	40	60	120	∞
1	161	200	216	225	230	234	237	239	241	242	244	246	248	249	250	251	252	253	254
2	18.5	19.0	19.2	19.2	19.3	19.3	19.4	19.4	19.4	19.4	19.4	19.4	19.4	19.5	19.5	19.5	19.5	19.5	19.5
3	10.1	9.55	9.28	9.12	9.01	8.94	8.89	8.85	8.81	8.79	8.74	8.70	8.66	8.64	8.62	8.59	8.57	8.55	8.53
4	7.71	6.94	6.59	6.39	6.26	6.16	6.09	6.04	6.00	5.96	5.91	5.86	5.80	5.77	5.75	5.72	5.69	5.66	5.63
5	6.61	5.79	5.41	5.19	5.05	4.95	4.88	4.82	4.77	4.74	4.68	4.62	4.56	4.53	4.50	4.46	4.43	4.40	4.36
6	5.99	5.14	4.76	4.53	4.39	4.28	4.21	4.15	4.10	4.06	4.00	3.94	3.87	3.84	3.81	3.77	3.74	3.70	3.67
7	5.59	4.74	4.35	4.12	3.97	3.87	3.79	3.73	3.68	3.64	3.57	3.51	3.44	3.41	3.38	3.34	3.30	3.27	3.23
8	5.32	4.46	4.07	3.84	3.69	3.58	3.50	3.44	3.39	3.35	3.28	3.22	3.15	3.12	3.08	3.04	3.01	2.97	2.93
9	5.12	4.26	3.86	3.63	3.48	3.37	3.29	3.23	3.18	3.14	3.07	3.01	2.94	2.90	2.86	2.83	2.79	2.75	2.71
10	4.96	4.10	3.71	3.48	3.33	3.22	3.14	3.07	3.02	2.98	2.91	2.85	2.77	2.74	2.70	2.66	2.62	2.58	2.54
11	4.84	3.98	3.59	3.36	3.20	3.09	3.01	2.95	2.90	2.85	2.79	2.72	2.65	2.61	2.57	2.53	2.49	2.45	2.40
12	4.75	3.89	3.49	3.26	3.11	3.00	2.91	2.85	2.80	2.75	2.69	2.62	2.54	2.51	2.47	2.43	2.38	2.34	2.30
13	4.67	3.81	3.41	3.18	3.03	2.92	2.83	2.77	2.71	2.67	2.60	2.53	2.46	2.42	2.38	2.34	2.30	2.25	2.21
14	4.60	3.74	3.34	3.11	2.96	2.85	2.76	2.70	2.65	2.60	2.53	2.46	2.39	2.35	2.31	2.27	2.22	2.18	2.13
15	4.54	3.68	3.29	3.06	2.90	2.79	2.71	2.64	2.59	2.54	2.48	2.40	2.33	2.29	2.25	2.20	2.16	2.11	2.07
16	4.49	3.63	3.24	3.01	2.85	2.74	2.66	2.59	2.54	2.49	2.42	2.35	2.28	2.24	2.19	2.15	2.11	2.06	2.01
17	4.45	3.59	3.20	2.96	2.81	2.70	2.61	2.55	2.49	2.45	2.38	2.31	2.23	2.19	2.15	2.10	2.06	2.01	1.96
18	4.41	3.55	3.16	2.93	2.77	2.66	2.58	2.51	2.46	2.41	2.34	2.27	2.19	2.15	2.11	2.06	2.02	1.97	1.92
19	4.38	3.52	3.13	2.90	2.74	2.63	2.54	2.48	2.42	2.38	2.31	2.23	2.16	2.11	2.07	2.03	1.98	1.93	1.88
20	4.35	3.49	3.10	2.87	2.71	2.60	2.51	2.45	2.39	2.35	2.28	2.20	2.12	2.08	2.04	1.99	1.95	1.90	1.84
21	4.32	3.47	3.07	2.84	2.68	2.57	2.49	2.42	2.37	2.32	2.25	2.18	2.10	2.05	2.01	1.96	1.92	1.87	1.81
22	4.30	3.44	3.05	2.82	2.66	2.55	2.46	2.40	2.34	2.30	2.23	2.15	2.07	2.03	1.98	1.94	1.89	1.84	1.78
23	4.28	3.42	3.03	2.80	2.64	2.53	2.44	2.37	2.32	2.27	2.20	2.13	2.05	2.01	1.96	1.91	1.86	1.81	1.76
24	4.26	3.40	3.01	2.78	2.62	2.51	2.42	2.36	2.30	2.25	2.18	2.11	2.03	1.98	1.94	1.89	1.84	1.79	1.73
25	4.24	3.39	2.99	2.76	2.60	2.49	2.40	2.34	2.28	2.24	2.16	2.09	2.01	1.96	1.92	1.87	1.82	1.77	1.71
26	4.23	3.37	2.98	2.74	2.59	2.47	2.39	2.32	2.27	2.22	2.15	2.07	1.99	1.95	1.90	1.85	1.80	1.75	1.69
27	4.21	3.35	2.96	2.73	2.57	2.46	2.37	2.31	2.25	2.20	2.13	2.06	1.97	1.93	1.88	1.84	1.79	1.73	1.67
28	4.20	3.34	2.95	2.71	2.56	2.45	2.36	2.29	2.24	2.19	2.12	2.04	1.96	1.91	1.87	1.82	1.77	1.71	1.65
29	4.18	3.33	2.93	2.70	2.55	2.43	2.35	2.28	2.22	2.18	2.10	2.03	1.94	1.90	1.85	1.81	1.75	1.70	1.64
30	4.17	3.32	2.92	2.69	2.53	2.42	2.33	2.27	2.21	2.16	2.09	2.01	1.93	1.89	1.84	1.79	1.74	1.68	1.62
40	4.08	3.23	2.84	2.61	2.45	2.34	2.25	2.18	2.12	2.08	2.00	1.92	1.84	1.79	1.74	1.69	1.64	1.58	1.51
60	4.00	3.15	2.76	2.53	2.37	2.25	2.17	2.10	2.04	1.99	1.92	1.84	1.75	1.70	1.65	1.59	1.53	1.47	1.39
120	3.92	3.07	2.68	2.45	2.29	2.17	2.09	2.02	1.96	1.91	1.83	1.75	1.66	1.61	1.55	1.50	1.43	1.35	1.25
∞	3.84	3.00	2.60	2.37	2.21	2.10	2.01	1.94	1.88	1.83	1.75	1.67	1.57	1.52	1.46	1.39	1.32	1.22	1.00

n_1, n_2 は $F \geq 1$ となるように定める。

付表 5　F 分布表 (2) 2.5% 点

自由度 n_1, n_2 : $P(F \geq F_0) = 0.025 \rightarrow F_0$

n_2 \ n_1	1	2	3	4	5	6	7	8	9	10	12	15	20	24	30	40	60	120	∞
1	648	800	864	900	922	937	948	957	963	969	977	985	993	997	1001	1006	1010	1014	1018
2	38.5	39.0	39.2	39.2	39.3	39.3	39.4	39.4	39.4	39.4	39.4	39.4	39.4	39.5	39.5	39.5	39.5	39.5	39.5
3	17.4	16.0	15.4	15.1	14.9	14.7	14.6	14.5	14.5	14.4	14.3	14.3	14.2	14.1	14.1	14.0	14.0	13.9	13.9
4	12.2	10.6	9.98	9.60	9.36	9.20	9.07	8.98	8.90	8.84	8.75	8.66	8.56	8.51	8.46	8.41	8.36	8.31	8.26
5	10.0	8.43	7.76	7.39	7.15	6.98	6.85	6.76	6.68	6.62	6.52	6.43	6.33	6.28	6.23	6.18	6.12	6.07	6.02
6	8.81	7.26	6.60	6.23	5.99	5.82	5.70	5.60	5.52	5.46	5.37	5.27	5.17	5.12	5.07	5.01	4.96	4.90	4.85
7	8.07	6.54	5.89	5.52	5.29	5.12	4.99	4.90	4.82	4.76	4.67	4.57	4.47	4.41	4.36	4.31	4.25	4.20	4.14
8	7.57	6.06	5.42	5.05	4.82	4.65	4.53	4.43	4.36	4.30	4.20	4.10	4.00	3.95	3.89	3.84	3.78	3.73	3.67
9	7.21	5.71	5.08	4.72	4.48	4.32	4.20	4.10	4.03	3.96	3.87	3.77	3.67	3.61	3.56	3.51	3.45	3.39	3.33
10	6.94	5.46	4.83	4.47	4.24	4.07	3.95	3.85	3.78	3.72	3.62	3.52	3.42	3.37	3.31	3.26	3.20	3.14	3.08
11	6.72	5.26	4.63	4.28	4.04	3.88	3.76	3.66	3.59	3.53	3.43	3.33	3.23	3.17	3.12	3.06	3.00	2.94	2.88
12	6.55	5.10	4.47	4.12	3.89	3.73	3.61	3.51	3.44	3.37	3.28	3.18	3.07	3.02	2.96	2.91	2.85	2.79	2.72
13	6.41	4.97	4.35	4.00	3.77	3.60	3.48	3.39	3.31	3.25	3.15	3.05	2.95	2.89	2.84	2.78	2.72	2.66	2.60
14	6.30	4.86	4.24	3.89	3.66	3.50	3.38	3.29	3.21	3.15	3.05	2.95	2.84	2.79	2.73	2.67	2.61	2.55	2.49
15	6.20	4.77	4.15	3.80	3.58	3.41	3.29	3.20	3.12	3.06	2.96	2.86	2.76	2.70	2.64	2.59	2.52	2.46	2.40
16	6.12	4.69	4.08	3.73	3.50	3.34	3.22	3.12	3.05	2.99	2.89	2.79	2.68	2.63	2.57	2.51	2.45	2.38	2.32
17	6.04	4.62	4.01	3.66	3.44	3.28	3.16	3.06	2.98	2.92	2.82	2.72	2.62	2.56	2.50	2.44	2.38	2.32	2.25
18	5.98	4.56	3.95	3.61	3.38	3.22	3.10	3.01	2.93	2.87	2.77	2.67	2.56	2.50	2.44	2.38	2.32	2.26	2.19
19	5.92	4.51	3.90	3.56	3.33	3.17	3.05	2.96	2.88	2.82	2.72	2.62	2.51	2.45	2.39	2.33	2.27	2.20	2.13
20	5.87	4.46	3.86	3.51	3.29	3.13	3.01	2.91	2.84	2.77	2.68	2.57	2.46	2.41	2.35	2.29	2.22	2.16	2.09
21	5.83	4.42	3.82	3.48	3.25	3.09	2.97	2.87	2.80	2.73	2.64	2.53	2.42	2.37	2.31	2.25	2.18	2.11	2.04
22	5.79	4.38	3.78	3.44	3.22	3.05	2.93	2.84	2.76	2.70	2.60	2.50	2.39	2.33	2.27	2.21	2.14	2.08	2.00
23	5.75	4.35	3.75	3.41	3.18	3.02	2.90	2.81	2.73	2.67	2.57	2.47	2.36	2.30	2.24	2.18	2.11	2.04	1.97
24	5.72	4.32	3.72	3.38	3.15	2.99	2.87	2.78	2.70	2.64	2.54	2.44	2.33	2.27	2.21	2.15	2.08	2.01	1.94
25	5.69	4.29	3.69	3.35	3.13	2.97	2.85	2.75	2.68	2.61	2.51	2.41	2.30	2.24	2.18	2.12	2.05	1.98	1.91
26	5.66	4.27	3.67	3.33	3.10	2.94	2.82	2.73	2.65	2.59	2.49	2.39	2.28	2.22	2.16	2.09	2.03	1.95	1.88
27	5.63	4.24	3.65	3.31	3.08	2.92	2.80	2.71	2.63	2.57	2.47	2.36	2.25	2.19	2.13	2.07	2.00	1.93	1.85
28	5.61	4.22	3.63	3.29	3.06	2.90	2.78	2.69	2.61	2.55	2.45	2.34	2.23	2.17	2.11	2.05	1.98	1.91	1.83
29	5.59	4.20	3.61	3.27	3.04	2.88	2.76	2.67	2.59	2.53	2.43	2.32	2.21	2.15	2.09	2.03	1.96	1.89	1.81
30	5.57	4.18	3.59	3.25	3.03	2.87	2.75	2.65	2.57	2.51	2.41	2.31	2.20	2.14	2.07	2.01	1.94	1.87	1.79
40	5.42	4.05	3.46	3.13	2.90	2.74	2.62	2.53	2.45	2.39	2.29	2.18	2.07	2.01	1.94	1.88	1.80	1.72	1.64
60	5.29	3.93	3.34	3.01	2.79	2.63	2.51	2.41	2.33	2.27	2.17	2.06	1.94	1.88	1.82	1.74	1.67	1.58	1.48
120	5.15	3.80	3.23	2.89	2.67	2.52	2.39	2.30	2.22	2.16	2.05	1.94	1.82	1.76	1.69	1.61	1.53	1.43	1.31
∞	5.02	3.69	3.12	2.79	2.57	2.41	2.29	2.19	2.11	2.05	1.94	1.83	1.71	1.64	1.57	1.48	1.39	1.27	1.00

付表 6　F 分布表 (3) 1% 点

自由度 n_1, n_2 : $P(F \geq F_0) = 0.001 \rightarrow F_0$

n_2＼n_1	1	2	3	4	5	6	7	8	9	10	12	15	20	24	30	40	60	120	∞
1	4052	5000	5403	5625	5764	5859	5928	5982	6022	6056	6106	6157	6209	6235	6261	6287	6313	6339	6366
2	98.5	99.0	99.2	99.2	99.3	99.3	99.4	99.4	99.4	99.4	99.4	99.4	99.4	99.5	99.5	99.5	99.5	99.5	99.5
3	34.1	30.8	29.5	28.7	28.2	27.9	27.7	27.5	27.3	27.2	27.1	26.9	26.7	26.6	26.5	26.4	26.3	26.2	26.1
4	21.2	18.0	16.7	16.0	15.5	15.2	15.0	14.8	14.7	14.5	14.4	14.2	14.0	13.9	13.8	13.7	13.7	13.6	13.5
5	16.3	13.3	12.1	11.4	11.0	10.7	10.5	10.3	10.2	10.1	9.89	9.72	9.55	9.47	9.38	9.29	9.20	9.11	9.02
6	13.7	10.9	9.78	9.15	8.75	8.47	8.26	8.10	7.98	7.87	7.72	7.56	7.40	7.31	7.23	7.14	7.06	6.97	6.88
7	12.2	9.55	8.45	7.85	7.46	7.19	6.99	6.84	6.72	6.62	6.47	6.31	6.16	6.07	5.99	5.91	5.82	5.74	5.65
8	11.3	8.65	7.59	7.01	6.63	6.37	6.18	6.03	5.91	5.81	5.67	5.52	5.36	5.28	5.20	5.12	5.03	4.95	4.86
9	10.6	8.02	6.99	6.42	6.06	5.80	5.61	5.47	5.35	5.26	5.11	4.96	4.81	4.73	4.65	4.57	4.48	4.40	4.31
10	10.0	7.56	6.55	5.99	5.64	5.39	5.20	5.06	4.94	4.85	4.71	4.56	4.41	4.33	4.25	4.17	4.08	4.00	3.91
11	9.65	7.21	6.22	5.67	5.32	5.07	4.89	4.74	4.63	4.54	4.40	4.25	4.10	4.02	3.94	3.86	3.78	3.69	3.60
12	9.33	6.93	5.95	5.41	5.06	4.82	4.64	4.50	4.39	4.30	4.16	4.01	3.86	3.78	3.70	3.62	3.54	3.45	3.36
13	9.07	6.70	5.74	5.21	4.86	4.62	4.44	4.30	4.19	4.10	3.96	3.82	3.66	3.59	3.51	3.43	3.34	3.25	3.17
14	8.86	6.51	5.56	5.04	4.69	4.46	4.28	4.14	4.03	3.94	3.80	3.66	3.51	3.43	3.35	3.27	3.18	3.09	3.00
15	8.68	6.36	5.42	4.89	4.56	4.32	4.14	4.00	3.89	3.80	3.67	3.52	3.37	3.29	3.21	3.13	3.05	2.96	2.87
16	8.53	6.23	5.29	4.77	4.44	4.20	4.03	3.89	3.78	3.69	3.55	3.41	3.26	3.18	3.10	3.02	2.93	2.84	2.75
17	8.40	6.11	5.18	4.67	4.34	4.10	3.93	3.79	3.68	3.59	3.46	3.31	3.16	3.08	3.00	2.92	2.83	2.75	2.65
18	8.29	6.01	5.09	4.58	4.25	4.01	3.84	3.71	3.60	3.51	3.37	3.23	3.08	3.00	2.92	2.84	2.75	2.66	2.57
19	8.18	5.93	5.01	4.50	4.17	3.94	3.77	3.63	3.52	3.43	3.30	3.15	3.00	2.92	2.84	2.76	2.67	2.58	2.49
20	8.10	5.85	4.94	4.43	4.10	3.87	3.70	3.56	3.46	3.37	3.23	3.09	2.94	2.86	2.78	2.69	2.61	2.52	2.42
21	8.02	5.78	4.87	4.37	4.04	3.81	3.64	3.51	3.40	3.31	3.17	3.03	2.88	2.80	2.72	2.64	2.55	2.46	2.36
22	7.95	5.72	4.82	4.31	3.99	3.76	3.59	3.45	3.35	3.26	3.12	2.98	2.83	2.75	2.67	2.58	2.50	2.40	2.31
23	7.88	5.66	4.76	4.26	3.94	3.71	3.54	3.41	3.30	3.21	3.07	2.93	2.78	2.70	2.62	2.54	2.45	2.35	2.26
24	7.82	5.61	4.72	4.22	3.90	3.67	3.50	3.36	3.26	3.17	3.03	2.89	2.74	2.66	2.58	2.49	2.40	2.31	2.21
25	7.77	5.57	4.68	4.18	3.85	3.63	3.46	3.32	3.22	3.13	2.99	2.85	2.70	2.62	2.54	2.45	2.36	2.27	2.17
26	7.72	5.53	4.64	4.14	3.82	3.59	3.42	3.29	3.18	3.09	2.96	2.81	2.66	2.58	2.50	2.42	2.33	2.23	2.13
27	7.68	5.49	4.60	4.11	3.78	3.56	3.39	3.26	3.15	3.06	2.93	2.78	2.63	2.55	2.47	2.38	2.29	2.20	2.10
28	7.64	5.45	4.57	4.07	3.75	3.53	3.36	3.23	3.12	3.03	2.90	2.75	2.60	2.52	2.44	2.35	2.26	2.17	2.06
29	7.60	5.42	4.54	4.04	3.73	3.50	3.33	3.20	3.09	3.00	2.87	2.73	2.57	2.49	2.41	2.33	2.23	2.14	2.03
30	7.56	5.39	4.51	4.02	3.70	3.47	3.30	3.17	3.07	2.98	2.84	2.70	2.55	2.47	2.39	2.30	2.21	2.11	2.01
40	7.31	5.18	4.31	3.83	3.51	3.29	3.12	2.99	2.89	2.80	2.66	2.52	2.37	2.29	2.20	2.11	2.02	1.92	1.80
60	7.08	4.98	4.13	3.65	3.34	3.12	2.95	2.82	2.72	2.63	2.50	2.35	2.20	2.12	2.03	1.94	1.84	1.73	1.60
120	6.85	4.79	3.95	3.48	3.17	2.96	2.79	2.66	2.56	2.47	2.34	2.19	2.03	1.95	1.86	1.76	1.66	1.53	1.38
∞	6.63	4.61	3.78	3.32	3.02	2.80	2.64	2.51	2.41	2.32	2.18	2.04	1.88	1.79	1.70	1.59	1.47	1.32	1.00

付表 7　z 変換表

$$z = \frac{1}{2}\log_e \frac{1+r}{1-r} \to r$$

z	.00	.01	.02	.03	.04	.05	.06	.07	.08	.09	平均差
.0	.0000	.0100	.0200	.0300	.0400	.0500	.0599	.0699	.0798	.0898	100
.1	.0997	.1096	.1194	.1293	.1391	.1489	.1586	.1684	.1781	.1877	98
.2	.1974	.2070	.2165	.2260	.2355	.2449	.2543	.2636	.2729	.2821	94
.3	.2913	.3004	.3095	.3185	.3275	.3364	.3452	.3540	.3627	.3714	89
.4	.3800	.3885	.3969	.4053	.4136	.4219	.4301	.4382	.4462	.4542	82
.5	.4621	.4699	.4777	.4854	.4930	.5005	.5080	.5154	.5227	.5299	75
.6	.5370	.5441	.5511	.5580	.5649	.5717	.5784	.5850	.5915	.5980	68
.7	.6044	.6107	.6169	.6231	.6291	.6351	.6411	.6469	.6527	.6584	60
.8	.6640	.6696	.6751	.6805	.6858	.6911	.6963	.7014	.7064	.7114	53
.9	.7163	.7211	.7259	.7306	.7352	.7398	.7443	.7487	.7531	.7574	46
1.0	.7616	.7658	.7699	.7739	.7779	.7818	.7857	.7895	.7932	.7969	39
1.1	.8005	.8041	.8076	.8110	.8144	.8178	.8210	.8243	.8275	.8306	33
1.2	.8337	.8367	.8397	.8426	.8455	.8483	.8511	.8538	.8565	.8591	28
1.3	.8617	.8643	.8668	.8692	.8717	.8741	.8764	.8787	.8810	.8832	24
1.4	.8854	.8875	.8896	.8917	.8937	.8957	.8977	.8996	.9015	.9033	20
1.5	.9051	.9069	.9087	.9104	.9121	.9138	.9154	.9170	.9186	.9201	17
1.6	.9217	.9232	.9246	.9261	.9275	.9289	.9302	.9316	.9329	.9341	14
1.7	.9354	.9366	.9379	.9391	.9402	.9414	.9425	.9436	.9447	.9458	12
1.8	.94681	.94783	.94884	.94983	.95080	.95175	.95268	.95359	.95449	.95537	95
1.9	.95624	.95709	.95792	.95873	.95953	.96032	.96109	.96185	.96259	.96331	79
2.0	.96403	.96473	.96541	.96609	.96675	.96739	.96803	.96865	.96926	.96986	65
2.1	.97045	.97103	.97159	.97215	.97269	.97323	.97375	.97426	.97477	.97526	53
2.2	.97574	.97622	.97668	.97714	.97759	.97803	.97846	.97888	.97929	.97970	44
2.3	.98010	.98049	.98087	.98124	.98161	.98197	.98233	.98267	.98301	.98335	36
2.4	.98367	.98399	.98431	.98462	.98492	.98522	.98551	.98579	.98607	.98635	30
2.5	.98661	.98688	.98714	.98739	.98764	.98788	.98812	.98835	.98858	.98881	24
2.6	.98903	.98924	.98945	.98966	.98987	.99007	.99026	.99045	.99064	.99083	20
2.7	.99101	.99118	.99136	.99153	.99170	.99186	.99202	.99218	.99233	.99248	16
2.8	.99263	.99278	.99292	.99306	.99320	.99333	.99346	.99359	.99372	.99384	13
2.9	.99396	.99408	.99420	.99431	.99443	.99454	.99464	.99475	.99485	.99495	11
	0.	.1	.2	.3	.4	.5	.6	.7	.8	.9	
3	.99505	.99595	.99668	.99728	.99777	.99818	.99851	.99878	.99900	.99918	—
4	.99933	.99945	.99955	.99963	.99970	.99975	.99980	.99983	.99986	.99989	—

参 考 書

河田 敬義，丸山 文行：基礎課程 数理統計，裳華房（1951）

松原 望，縄田 和満，中井 検裕：統計学入門，東京大学出版会（1991）

宮川 公男：基本統計学［第 4 版］，有斐閣（2015）

猪野 富秋，伊藤 正義：数理統計入門，森北出版（1981）

伊藤 正義，伊藤 公紀：わかりやすい数理統計の基礎，森北出版（2002）

古川 俊之（監修），丹後 俊郎（著）：医学への統計学［第 3 版］，朝倉書店（2013）

統計数値表 JSA-1972，日本規格協会（1972）

索　引

● 英数字
2 項分布　51
2 項母集団　65, 68

F 分布　74
F 分布表　75

t 分布　71
t 分布表　72

z 変換　96
z 変換表　96

χ^2 分布　69
χ^2 分布表　71

● あ 行
イエーツの補正　143
一様分布　55

● か 行
回帰係数　30
回帰直線　30
階級　2
階級値　2
確率　38
確率の加法定理　40
確率の乗法定理　42
確率分布　44
確率変数　44
確率密度関数　47
仮説　101
片側検定　102

棄却域　101
仮説検定　101

危険率　101
規準化　58
期待値　49
帰無仮説　101
級　2
級間隔　2
級の幅　2
境界値　14
寄与率　31

空事象　36
区間推定　80, 83

経験的確率　39
計算値の丸め方　21
結合律　38
元　36
限界値　102
検定統計量　102

交換律　38
根元事象　36

● さ 行
最小 2 乗法　29
採択域　101
最頻値　13
算術平均　7
散布図　24
散布度　13

試行　36
事象　36
指数分布　56
実現値　64, 80
四分位数　12

四分位範囲　14
四分位偏差　14
条件付き確率　41
消費者危険　104
信頼区間　83
信頼係数　83
信頼限界　83

推定値　80
推定量　80
数学的確率　39

正規分布　57
正規分布表　59
正規母集団　65
生産者危険　104
正の相関　24
積事象　36
線形補間法　10
先験的確率　39
全事象　36
全数調査　64
尖度　7, 24

相関関係　24
相関係数　25
相関図　24
相対度数　6
測定単位　4

● た 行
第 1 種の誤り　103
大数の法則　67
第 2 種の誤り　103
代表値　7

対立仮説　101
単位　64
単純仮説　134

チェビシェフの不等式　67
中央値　10
中心極限定理　66

適合度の検定　135
点推定　80

統計的確率　39
統計量　65, 80
特異値　15
独立　42
度数　2
度数表　2
度数分布表　2
飛び離れ値　15
ド・モルガンの法則　38

◉ な　行
任意標本　65

◉ は　行
パーセント点　102
排反　37
排反事象　37
箱ひげ図　14
外れ値　15
離れ値　15
範囲　2, 13

ヒストグラム　5
非復元抽出　64
標準化　58
標準正規分布　58
標準偏差　18
標本　64
標本空間　36, 64
標本値　64
標本調査　64
標本点　36
標本分布　65

復元抽出　64
複合仮説　134
複合事象　36
負の相関　24
不偏推定量　81
不偏分散　82
分散　18, 49
分配律　38
分布関数　44

平均値　7, 49
平均偏差　18
平方和　19
変異係数　21
偏差　18
偏差平方和　19
変動係数　21
変量　1

ポアソン分布　53

母集団　64
母集団分布　65
母数　65
母比率　67

◉ ま　行
無限母集団　64
無作為標本　65
無相関　24

メジアン　10

◉ や　行
有意水準　101
有限母集団　64

余事象　37

◉ ら　行
離散的な確率変数　45
離散変量　1
両側検定　102

累積相対度数　6

レンジ　13
連続的な確率変数　45
連続変量　1

◉ わ　行
歪度　7, 23
和事象　36

監修者略歴

伊藤　正義（いとう・まさよし）
　　1935 年　北海道生まれ
　　1960 年　東京理科大学理学部数学科卒業
　　現　　在　北海道科学大学名誉教授
　　　　　　博士（工学）（北海道大学）
　【著書】わかりやすい数理統計の基礎（共著，森北出版）
　　　　　数理統計入門（共著，森北出版）
　　　　　看護医療のための統計学入門（共著，成隆出版）
　　　　　初等統計解析（共著，森北出版）

著者略歴

伊藤　公紀（いとう・こうき）
　　1964 年　北海道生まれ
　　1994 年　北海道大学大学院博士課程修了
　　現　　在　札幌大学地域共創学群経営学専攻教授
　　　　　　博士（工学）（北海道大学）
　【著書】わかりやすい数理統計の基礎（共著，森北出版）
　　　　　muLISP 基本ガイドブック（共著，森北出版）

伊藤　裕康（いとう・ひろやす）
　　1968 年　北海道生まれ
　　1997 年　北海道大学大学院博士課程単位取得満期退学
　　現　　在　星槎道都大学美術学部建築学科教授
　　　　　　博士（工学）（北海道大学）

　編集担当　太田陽喬・大野裕司（森北出版）
　編集責任　富井　晃（森北出版）
　組　　版　プレイン
　印　　刷　丸井工文社
　製　　本　同

身につく 統計学　　　　　　　© 伊藤公紀・伊藤裕康　2018

2018 年 9 月 25 日　第 1 版第 1 刷発行　　【本書の無断転載を禁ず】
2022 年 9 月 9 日　第 1 版第 3 刷発行

監 修 者　伊藤正義
著　　者　伊藤公紀・伊藤裕康
発 行 者　森北博巳
発 行 所　森北出版株式会社
　　　　　東京都千代田区富士見 1-4-11（〒102-0071）
　　　　　電話 03-3265-8341 ／ FAX 03-3264-8709
　　　　　https://www.morikita.co.jp/
　　　　　日本書籍出版協会・自然科学書協会　会員
　　　　　JCOPY ＜（一社）出版者著作権管理機構　委託出版物＞
落丁・乱丁本はお取替えいたします.

Printed in Japan ／ ISBN978-4-627-08211-3

MEMO

MEMO

MEMO